胡延章 編著　　徐國裕 審閱

駕駛台
資源管理

- 大專商船與航運技術科系之教材
- 海運從業人員在船舶技術管理上之參考

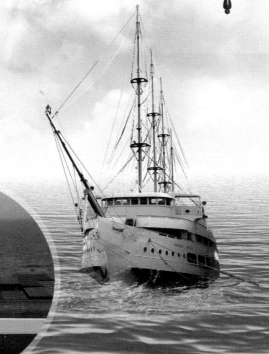

五南圖書出版公司 印行

編輯大意

　　駕駛台資源管理在國際海事組織 2010 年馬尼拉修正案中，確定將其歸類為章程A的強制課程。因此，所有航海高級船員在 2012 年以前，必須接受駕駛台資源管理訓練，並取得相關證照。航海院校亦將駕駛台資源管理科目由選修改為必修學科。筆者從事駕駛台資源管理之教育與訓練多年，為配合教學上的需要，將授課講義並參考其他相關資料，加上本人從事引航職務期間的經驗以及觀察引水人與駕駛台團隊間之互動與應該注意事項予以敘明，並依照 STCW/2010 修正案的相關內容規定，作成此書。

　　本書內容首先介紹國際海事安全法規之來源與制定機構，與解釋駕駛台資源管理科目之重要性。再說明駕駛台之形式與其各項資源，解釋各項資源之重要性及如何運用，並循序介紹駕駛台團隊之成員。由於所有駕駛台相關資源之收集與管理運用，完全是由駕駛台團隊成員擔任，說明了駕駛台團隊成員之重要性。因此，對於管理者之組織管理與領導，團隊成員的壓力與疲勞度管理均有專章介紹與說明。航行計畫之制定、執行與監測均強調重複檢核之重要性。此外，船上對內對外的通信，亦應注意其內容重點與簡潔明晰之傳達。電子海圖顯示與資訊系統為一相當進步與實用之航海儀器，本書對於電子海圖之製成、相關規定與使用注意事項亦有詳細說明。引水人在船一章乃強調駕駛台團隊之成員，切不可因為引水人在船而疏於航行應注意之事項。船上潛在危機、緊急情況與應變處理部分，本書亦予解說並列出各種狀況提供參考。在案例研討部分則將實際發生之案例提出，檢討原因及說明防範之道。

　　時代不斷在進步，國際海事安全法規也經常修正與更新，船上各種航海儀器隨著科技進步而推陳出新。個人才疏學淺，不揣簡陋完成此書，歡迎各界來函指正與建議，作者亦將適時修正與補充相關內容以符合現況。

　　本書之完成首先要感謝高雄海洋科技大學廖主任宗、楊主任春陵讓本人有機會擔任駕駛台資源管理之教學與訓練工作；陳彥宏老師、胡家聲老師與謝坤山老師的協助與支持；陽明海運胡副總海國學長的鼓勵；再者，徐博士國裕兄的建議、審核與資料補充，方始完成此書。海洋大學商船系吳祺楓、宋瑞屏同學在資料整理上的協助，在此一併致謝。

胡延章　謹識于
高雄港高雄港引水人辦事處
2011.7月

目　錄

第一章
緒　論

　　船舶從事海上客貨運輸之行為，由來已久。為了增進海上航行的安全性，航運界紛紛引進各種先進科技應用於主機推進系統、航海儀器、通訊以及求生滅火設備等。此外，也經常由各海運國家組成國際組織或聯盟，歷經多次開會或協議後，訂定各種法規來遵循，其目的都在增進海上航行的安全性、保障海員生命財產的安全與船東的利益。

　　「駕駛台資源管理」科目首先在 1995 年國際海事組織所修訂的【航海人員訓練、發證及當值標準】章程 B 部分第 8 章第 2 節 (STCW CODE B Ⅷ8/2) 中被提出，並建議船公司應發佈關於正規駕駛台程序之指導，並向各船之船長與負責航行當值的高級船員公布以章程所規範之「駕駛台資源管理」為原則，所訂定包括人員配置與資源使用等事項，做持續性評估與必要性指導。公布之後，許多船公司即要求所屬船員接受「駕駛台資源管理」訓練，在施行多年之後發覺成效良好。於是國際海事組織便討論是否有需要將該項訓練列為強制性適任標準科目。終於在 2010 年馬尼拉修正案中將「駕駛台資源管理」科目，自章程 B 移至章程 A。因此「駕駛台資源管理」即成為強制性適任標準科目。

　　當今各種重要的海事公約及標準之制訂，均由國際海事組織所訂定公

布，再由各船旗國負責實施，港口國負責監督檢查。因此，航海人員首先應瞭解國際海事組織之成立及發展。

第一節　國際海事組織

國際海事組織 (International Maritime Organization；IMO)，該組織是為聯合國屬下的專業機構，其前身為【政府間海事諮詢組織】(Inter-Governmental Maritime Consultative Organization ;IMCO)，總部設於英國倫敦，成立於 1959 年 1 月 6 日；其後於 1982 年 5 月 22 日起更名為國際海事組織 (IMO) 迄今。

國際海事組織成立的目的為「在與從事國際貿易的各種航運技術事宜有關的政府規定和慣例方面，為各國政府提供合作機制；並再與海上航行安全、航行效率和防止及控制船舶對海洋造成污染有關的問題上，鼓勵和便利各國普遍採用最高可行的標準」見【國際海事組織公約】第 1 條 a 款。目前國際海事組織共有 168 個會員國與庫克群島 (Cook Islands)，以及中國香港、中國澳門、法羅群島 (Faroe Islands) 等 3 個聯繫會員 (Associate Members）。

國際海事組織由大會 (The Assembly)、理事會 (The Council)、5 個委員會 (Committee) 與 9 個分委會 (Sub-Committee) 所組成。國際海事組織擁有獨立的立法權，有權制訂公約並作為公約文書的保全單位。相關公約的執行乃由各締約國履行，國際海事組織在國際海事安全事務中，又為管理機

構。

　　國際海事組織中的海上安全委員會 (Maritime Safety Committee；MSC) 是為該組織中最高技術機構，負責研究有關助航設施、船舶構造、設備、安全配員、避碰規則、危險貨物操作、海上安全程序與要求、航道訊息、航海日誌、航行記錄、海難事故調查、海上搜索與救助及其他直接影響海上安全之事宜。例如在 1967 年油輪 Torrey Canyon 與 1978 年油輪 Amoco Cadiz 擱淺漏油事故對海洋環境造成莫大損害，此類事件促使國際間產生共識，對於防止船舶污染公約的修改。同時國際海事組織為了提高航海人員素質、保障海上生命財產的安全與保護海洋環境，在 1978 年制訂了【1978 航海人員訓練、發證及當值標準國際公約】。

第二節　航海人員訓練、發證及當值標準國際公約

　　隨著海運業的蓬勃發展，船舶推進機械及設備等多引用高科技，船員配制多國化，加上各國對海上安全和保護海洋環境的密切關注；另外，經由對於較為重大的海難事故之統計分析，發現海難事故的發生原因有 80% 左右是人為因素所造成。因此，國際海事組織為了提高海員素質與提昇海上生命財產的安全及保護海洋環境等議題，於 1978 年 6 月 14 日至 7 月 7 日在倫敦召開了外交大會，制定並通過了【1978 年航海人員訓練、發證及當值標準國際公約】(International Convention on Standards of Training, Certification and Watchkeeping for Seafarers,1978；STCW/78)。STCW/78 公

約於 1984 年 4 月 28 日生效，該公約乃為最重要的海事類國際公約之一。

STCW/78 公約規定了國際上可以接受的航海人員素質的最低標準，對於統一世界各主要航運國家關於航海人員的訓練、發證及當值標準起了積極作用。該公約在施行以後，經由不斷的實踐與檢驗其效果，並隨著航海科技的發展與航運業的需求，公約作了多次修正並通過了諸如【全球海上遇險與安全系統 (GMDSS) 和駕駛台單人值班試驗】修正案，以及【液體貨船船員的特殊訓練】等修正案。

在 1993 年至 1995 年國際海事組織對 STCW/78 公約進行全面審查和修正，並在 1995 年締約國大會上通過了最終文件，完成了 1995 年修正的【1978 年航海人員訓練、發證及當值標準國際公約】(International Convention on Standards of Training, Certification and Watchkeeping for Seafarers,1978 ;As Amended in 1995；STCW78/95) 簡稱【STCW78/95 公約】和全新的【航海人員訓練、發證及當值標準章程】(Seafarers' Training, Certification and Watchkeeping Code；STCW CODE) 簡稱【STCW 章程】。

STCW78/95 公約包括條文 (Articles) 與附錄的規則 (Regulations) 兩部分，STCW 章程則包括了強制性標準 (Part A) 與建議性準則 (Part B) 兩部分。Part A 之內容乃規定為了符合公約最低標準要求，所有締約國皆應遵行以符合其規定。Part B 為建議性準則，為了有助於維持最高標準要求，建議締約國可以採行其規定。新的公約及章程對於世界上各海運國家的航海人員教育、訓練、考試與發證產生了重大的影響和變化。

第三節　馬尼拉修正案

　　STCW78/95 公約和 STCW 章程施行之後，隨著世界經濟發展，新建船舶也朝著大型化、專業化、快速化來設計建造，世界各國對於海洋環境保護的要求亦更趨嚴格，同時先進的資訊科技產業技術 (Information Technology; IT) 也多應用於航海儀器；此外，由於近年來海盜猖獗，使海運安全受到嚴重威脅，因此對於航海人員訓練與當值標準的要求愈來愈高，並提出了新的保安要求。國際海事組織基於以上多種因素，自 2006 年起對於 STCW78/95 公約和 STCW 章程作全面性審查和修改，以使其能適應航運界的新變化。

　　經過多次開會討論及審議，在 2010 年 1 月完成了全面的審查，再將審議完成之修正案初稿，送交各締約國審議。終於在 2010 年 6 月 21 日至 25 日在菲律賓馬尼拉召開的國際海事組織締約國外交大會上，審議通過了 2010 年修正的【1978 年航海人員訓練、發證及當值標準國際公約】(International Convention on Standards of Training, Certification and Watchkeeping for Seafarers,1978 ;As Amended in 2010；STCW78/10) 簡稱【STCW78/2010 修正案】和【航海人員訓練、發證及當值標準章程】(Seafarers' Training, Certification and Watchkeeping Code；STCW CODE) 簡稱【STCW 章程】。修正通過的 STCW/2010 修正案，即稱為【馬尼拉修正案】，並在 2012 年 1 月 1 日生效。

　　STCW/2010 修正案之修正內容包括將「駕駛台資源管理」科目，自章

程 B 移至章程 A。因此「駕駛台資源管理」即成為強制性適任標準科目。

　　「駕駛台資源管理」乃是強調航行當值人員在團隊工作、團隊組成、對內及對外之聯繫與溝通、領導統御、決策制訂和管理等方面的技術，並將這一技術運用到有組織和有規律的管理之中。駕駛台資源管理也就是訓練駕駛台高級船員，在面對壓力、處理態度和航行危險等操作性任務的管理，並自航行計劃之開始規劃、執行、監測至航程結束。

第二章
駕駛台資源及運用

　　駕駛台資源包括人力資源：係指在駕駛台工作的船員；也包括硬體資源：諸如設備、儀器、儀表、操作台、物品、備件等；還有軟體資源：包括船長命令簿、各種航儀設備之說明書及操作手冊、駕駛台程序書、航行有關之圖書、海圖、航行計劃等，另外還包括時間、個人之技能與經驗等其他資源。

第一節　駕駛台概說

　　船舶駕駛台對於一艘船而言，就如同我們人類的頭部一樣重要，船上所有的重要訊息都是經由駕駛台接收與發送。因此。保持駕駛台的警覺與有效率，是保障船舶航行安全的不二法門。船舶駕駛台在船上的位置與形式，因為船舶之設計與使用目的而有所不同。

一、船舶駕駛台的位置

(一) 駕駛台位於船艉部
　　通常汽車船、大型客輪、電纜佈設船以及部分貨櫃船等，為了方便其工作與載貨的理由，而將駕駛台設於船首部見（圖 2-1）及（圖 2-2）。然

而，駕駛台位於船首部，就船舶操縱而言，操船者站立於船舶前部，必須特別注意操船時船舶後半部的動向，對於習慣於駕駛台在船身後部的操船者而言會有些不習慣。此外，當船舶遇到較大風浪顛簸 (Pitching) 時，船首部上下擺動會讓人感覺很不舒服。

圖 2-1　駕駛台位於船首部之客船

圖 2-2　駕駛台位於船首部之貨櫃船

(二) 駕駛台位於船身中部

　　通常所謂的三島式船舶就是駕駛台位於船中部，目前有水泥載運船與新式貨櫃船，見（圖 2-3），駕駛台位於船中部。此等船舶在操船時，必須特別注意駕駛台至船尾之距離，以免在調頭或轉彎時，船尾離岸距離不夠，造成危險。

圖 2-3　駕駛台位於船身中部之貨櫃船

(三) 駕駛台位於船身後部

　　大部分船舶其駕駛台多位於船身後部，見（圖 2-4），此類船舶其最大優點為操船者在操船時，可以很明顯地看到船首的動向，對於船舶操縱而言，較為得心應手。然而，貨櫃船應注意其甲板裝載的貨櫃若裝載過高，可能會影響視線，通常船上會有標示在何種情況下，視線所受阻擋的限制範圍及距離。另外，甲板裝設有吊桿的雜貨船與散裝船，有時候其瞭望之視線也會受到甲板吊桿的妨礙，操船時，必須多加留意。

圖 2-4　駕駛台位於船身後部之貨櫃船

二、船舶駕駛台之形式

(一) 兩舷開放式駕駛台

大部分船舶的駕駛台都是兩舷開放式，通常在駕駛台兩舷都各有一具羅經複示器 (Gyro Repeater)，在觀測目標或其他船舶之方位時，不會被遮擋。此外，在靠泊與離泊碼頭、浮筒及進出船塢時，站在外舷側可以很清楚看到船身接靠或離開泊位之狀況，並可深切感受到當時之風力及風向等各種狀況。但是，遇到雷雨天時，若正在進行離、靠泊作業就會很辛苦，見（圖 2-5）。

圖 2-5　兩舷開放式駕駛台

(二) 全包式駕駛台

近年來，具有全包式駕駛台 (Enclosed Bridge) 之船舶，漸漸多起來。其最大的好處，就是操船者始終在圍蔽的駕駛台內，不會受到風吹雨淋。但是，當要測取目標之羅經方位時，往往容易受到一些遮擋；此外，操船者對於當時之風力及風向等各種狀況，無法親身感受，只能參考風向風速儀。尤其在風力較大，並吹向岸風時，必須特別小心，見（圖 2-6）。

圖 2-6　全包式駕駛台

(三) 半包式駕駛台

　　這種具有半包式駕駛台的船舶，多是因為有其特殊原因之需求，例如：甲板吊桿全部裝設在左舷或右舷單側，僅能以單舷側靠泊碼頭，見（圖 2-7）。然而，其裝設在左舷或右舷側的甲板吊桿，對於駕駛台瞭望的視線稍有影響，在瞭望與操船時，應多加留意。目前，此種具有半包式駕駛台的船舶數量並不多。

圖 2-7　半包式駕駛台

三、駕駛台內的佈置

　　駕駛台內部之各項航海儀器、設備、俥鐘、航海圖籍書架、信號旗箱以及海圖桌等等都在新船建造時，因應該船之實際需求已經裝設完成。通常噸位較大之船舶，因為駕駛台空間較大，即使各種設備多，然而其剩餘空間仍多，整體看起來很寬闊。噸位較小之船舶，其駕駛台內部空間，相對就顯得擁擠。然而，無論駕駛台空間大與小，均應隨時保持清爽與整潔，讓當值船副在駕駛台當值時，心情會很愉快，對於航行安全也會有加分之效果。通常駕駛台內之佈置有下列幾種形式：

(一) 整合式控制台 (Integrated Bridge System)

此種駕駛台乃將各種航海儀器包括自動測繪雷達 (ARPA)、全球衛星定位系統 (GPS,DGPS)、船舶自動辨識系統 (AIS)、電子海圖顯示與資訊系統 (ECDIS)、測深儀 (Echo Sounder)、船舶控制顯示系統 (Ship's Conning Display System) 等等，全部都裝設在整合式控制台上。較為大型船舶或新近建造之船舶多安裝此種控制台，見（圖 2-8）。另外，也有在控制台後方裝置座椅，供當值人員使用，見（圖 2-9）。駕駛台後半部為海圖室、圖書櫃、旗箱、無線電及衛星通訊設備等，見（圖 2-10）。

圖 2-8　駕駛台設置整合式控制台

圖 2-9　　整合式控制台附有駕駛座

圖 2-10　　駕駛台後半部為海圖室、圖書櫃、旗箱、無線電及衛星通訊設備等

(二) 簡單式駕駛台

此種駕駛台之布置較為單純，操舵台在中央，雷達在一側，俥鐘操作台在另一側。通常噸位較小之船舶，其駕駛台之佈置大約如此，見（圖 2-11）。

圖 2-11　簡單式駕駛台

(三) 翼舷側操控台

有些船舶在其駕駛台兩側裝設翼舷側操控台，以便利靠泊與離泊作業，見（圖 2-12）。

圖 2-12　翼舷側操控台

(四) 機艙主副機控制台加裝在駕駛台

有些船舶在駕駛台後半部，設置與機艙控制室相同的主副機控制台，當船舶在進出港或準備拋錨等時機，主機需要備便 (Stand-By) 狀況時，通常輪機長會到駕駛台備便，以配合駕駛台之操俥要求，以及在特殊情況下做緊急應變之處理。

第二節　人力資源

駕駛台之人力資源包括船長、大副、船副、額外船副、駕駛實習生、舵工、額外加派之瞭望員以及輪機人員，甚至還包括引水人等等。

(一) 船長：船上負責指揮船舶及保障船舶安全之人，並應符合【STCW78/10】第二章相關之規定。

(二) 大副：協助船長處理船上裝卸貨物事宜以及安全保養等事務，海上航行時擔任航行值班任務；並應符合【STCW78/10】第二章相關之規定。

(三) 船副：秉承船長命令並協助大副處理船上事務，海上航行時擔任航行值班任務；並應符合【STCW78/10】第二章相關之規定。

(四) 額外船副：擔任之職務與航行值班等均需依照船長指派，並應符合【STCW78/10】第二章相關之規定。

(五) 駕駛實習生：在駕駛台學習航行值班之人。

(六) 舵工：秉承船長或當值船副之命令操舵航行之人；並應符合【STCW78/10】第二章相關之規定。

(七) 額外加派之瞭望員：因應情況需要臨時調派協助瞭望之人，此人不一定需要持有【STCW78/10】第二章相關之規定之證書。

(八) 輪機人員：通常為輪機長或大管輪在進出港或通過狹窄水道等時機，到駕駛台協助操俥。

(九) 引水人：在進入強制引水區或自由引水區時，招請上船協助引領船舶航行與靠泊、離泊之人。

第三節　航海儀器及設備

駕駛台之航海儀器及設備之多寡，因船舶之設計與用途而有所差異，大致如下：

(一) 雷達 (RADAR)

(二) 衛星定位系統 (DGPS/GPS Navigator)

(三) 電子海圖顯示與資訊系統 (ECDIS)

(四) 俥鐘 (Engine Telegraph)

(五) 電羅經及複示器 (Gyro Compass & Repeater)

(六) 自動辨識系統 (AIS)

(七) 船艏及船尾側推器 (Bow & Stern Thruster)

(八) 船鐘 (Ship's Clock)

(九) 超高頻無線電話 (VHF)

(十) 測深儀及數字顯示器 (Echo Sounder & Digital Depth Indicator)

(十一) 測速儀及距離顯示器 (Speed Log & Distance Indicator)

(十二) 船舶操控顯示系統 (Ship's Conning Display System) 見（圖 2-13）

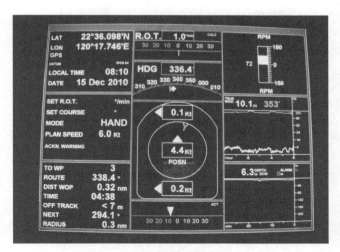

圖 2-13　船舶操控顯示系統

(十三) 駕駛台航行當值警報系統 (BNWAS) 見（圖 2-14）

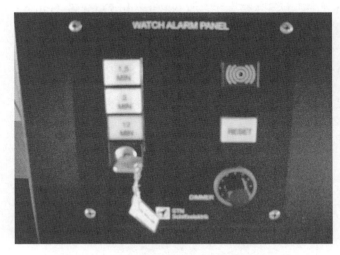

圖 2-14　駕駛台航行當值警報系統

(十四) 操舵台及舵角指示器 (Steering Stand & Rudder Angle Indicator)

(十五) 主機轉數表 (M/E RPM Indicator)

(十六) 全船廣播系統 (Public Addressor)

(十七) 全球海上遇難及安全系統 (GMDSS Alarm Unit)

(十八) 漏油及煙火監視系統 (ITV For Oil Leakage & Fire/Smoke Detection)

(十九) 氣笛及聲號系統 (Whistle & Sound Signal System)

(二十) 航行燈指示板 (Navigational Light Indicator Panel)

(二十一) 信號燈指示板 (Signal Light Indicator Panel)

(二十二) 甲板燈指示板 (Deck Light Indicator Panel)

(二十三) 全船警報系統 (General Alarm System)

(二十四) 水密門及艙蓋指示板 (Watertight Door & Hatch Cover Indicator Panel)

(二十五) 雨刷控制系統 (Wiper Control System)

(二十六) 錨機遙控系統 (Windlass Remote Control System) 見（圖 2-15）

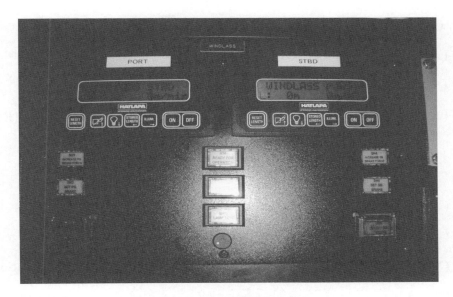

圖 2-15　錨機遙控系統

第四節　航海圖籍

(一) 海圖目錄 (Chart Catalogue)

(二) 海圖 (Navigational Charts)

(三) 世界大洋航路 (Ocean Passage for the World)

(四) 航路圖或引航圖 (Routeing Charts or Pilot Charts)

(五) 航行指南或引航書籍 (Sailing Directions and Pilot Books)

(六) 燈塔表 (Light List)

(七) 潮汐表 (Tide Table)

(八) 潮流圖集 (Tidal Stream Atlas)

(九) 航船佈告 (Notice to Mariners)

(十) 船舶定線資料 (Ship's Routeing Information)

(十一) 無線電信號資料，包括船舶交通服務系統，及引航服務 (Radio Signal Information Including VTS and Pilot Services)

(十二) 氣候資料 (Climate Information)

(十三) 載重線圖 (Load Line Chart)

(十四) 距離表 (Distance Table)

(十五) 電子導航系統資訊 (Electronic Navigational System Information)

(十六) 無線電及區域性航行警告 (Radio and Local Navigational Warnings)

(十七) 船舶操縱性能圖表 (Wheelhouse Poster, Maneuvering Characteristics)

(十八) 航海術語 (Navigational Terms)

(十九) 船東及其他未公開發行的資料 (Owner's and other Unpublished Sources)

(二十) 海員實用手冊 (Mariner's Handbook)

(二十一) 港口指南 (Guide to Port Entry)

(二十二) 航海曆 (Nautical Almanac)

(二十三) 航海計算表冊 (H.O.229 & NORIE'S Nautical Table)

第五節　其他資源

(一) 經驗

個人的經驗為非常寶貴的資源，尤其在面臨特殊或緊急狀況時，依個人經驗立即採取緊急應變措施或提出意見來化解危機。

(二) 文件記錄

公司或海運機構出版的刊物中，所彙整的船舶事故資料以及船上重大事故的處理記錄，都是非常寶貴的資源，可提供船上航海人員參考，增加航行安全管理的知識及決策的制定。

(三) 時間

許多海事的發生如能掌握時間及時反應立即處理，往往就能化解危機。關於航行安全的相關訊息，如能盡早獲得亦可提早預作防範，並採取措施避開危險。

第三章
駕駛台團隊

　　船舶在海上航行無論其航程計畫多麼完善、航儀設備多麼先進,還是需要人來操作,因此,最重要的駕駛台資源是人員。身為管理者對於駕駛台團隊之成員無法選擇,為了讓駕駛台團隊發揮所長,必須瞭解各個船員之人格特質與能力,疲勞度與工作壓力等才能做出良善之決策,保障航行安全及全船生命財產之安全。

第一節　駕駛台團隊之成員

一、船長

　　船長是為駕駛台團隊的最高指揮者與管理者,對於船舶之安全管理負有完全責任,船長在航行中根據避碰規則和航路的規劃來操縱船舶之運動,訂定航向及航速,保障船舶的安全航行,協調並監控所有航行當值成員。

　　船長秉承船東與船舶營運者之意圖,妥善運用與管理駕駛台之各項資源,以達成安全營運之目的,並有保護海洋環境之責任與義務。

二、當值船副

當值船副在航行值班時，應保持船舶按照預定航線正常航行，隨時注意海上發生之各種狀況，並按照航行計畫之規定或船長要求，測定船位以掌握船位及航速狀況，隨時向船長報告相關資訊，讓船長全盤瞭解當時之狀況。另外，當船長或引水人下達俥令或舵令時，當值船副務必注意該俥令或舵令已確實執行。協調對內及對外之通信聯絡狀況，並將所有必須記入航海日誌之事項，確實記載，對於其他船長要求執行之事項，確實履行。

依照國際海事組織第 285 號決議案的內容是允許駕駛台一人當值。

第 285 號決議案之規定概略說明如下「駕駛台必須確保有效的瞭望，而且在白天的某些情形下，當值船副可以是唯一的瞭望人員。但是，當值船副是唯一的瞭望人員時，當他由於任何原因無法專注於瞭望時，應立即召喚瞭望人員上駕駛台協助瞭望工作」。

盡管如此，當駕駛台僅有當值船副一人當值時，通常均使用自動操舵系統航行，而整體航行安全即由當值船副負責。如果有需要召喚瞭望人員上駕駛台協助瞭望時，當值船副必須毫不猶豫地叫人協助。通常駕駛台附近常有舵工、水手在工作，他們可能沒有合格之瞭望證照 (Watchstander Certificate)，但是，也可以請他們來協助瞭望。然而在夜晚時，瞭望人員則應常在駕駛台履行瞭望職責。

在駕駛台團隊的合作方面，當沒有特殊之明顯要求時，當值船副應該在遵照公司當值常規或船長之命令的要求下，認真執行航行當值任務，保

障船舶安全航行。讓船長對於按照他的要求和公司的規定，所進行的航行值班充滿信心。

三、瞭望人員

單獨當值的狀態可能在任何時間有所改變。如果當值船副必須忙於其他職責，而不能履行瞭望的職責，他必須呼叫瞭望人員上駕駛台協助瞭望，這是團隊合作的最重要的要素。當一位無適任執照的瞭望人員，被叫到駕駛台協助瞭望時，駕駛台即成為最基本的兩人團隊。當值船副應該明確的告知瞭望人員下列事項：

(1) 明確告知瞭望該注意事項。

(2) 如何報告其觀測狀況。

(3) 注意衣著適合於當時之天氣狀況，免於受到氣溫影響。

(4) 按事實需要換人瞭望，盡可能地得到充分休息。

(5) 瞭望之位置確認很適合於執行瞭望任務。

在實務上，當值船副在發現有需要加派瞭望人員或舵工時，往往會先報告船長，船長會叫大副或二副找適當人員上駕駛台協助操舵或瞭望，同時，船長也會立即上駕駛台了解實際狀況。

除非船長已在夜令簿中，清楚敘明，有需要加派瞭望人員時，由當值船副自行處理，否則還是應該向先船長報告。

四、操舵人員

操舵人員通常為資深海員 (Able Seaman：AB) 又稱舵工，在駕駛台按照操船者之命令操舵，同時協助瞭望。然而，在白天的某些情形下，當值船副可以是在駕駛台唯一的瞭望人員，舵工離開駕駛台參加甲板工作。

然而，當值船副認為有需要時，為了船舶的航行安全，可以叫舵工回駕駛台協助瞭望以及操舵。若情況需要舵工專心操舵時，則當值船副可以再請一位船員幫忙瞭望。

為了使駕駛台團隊處於一種較好組織和合作的情況下，當值船副負有航行值班之職責。但是，當某些情況必須任用且依賴另外兩人的協助時，當值船副有責任使他們了解各自職責，並且以能提高值班標準的方式，使其各負其責。在這種情況下，盡管任何人都覺得職責不是特別繁重或困難，當值船副仍須注意所下達之命令得到正確的執行。例如操舵命令與當值船副所要求的相符。

五、輔助駕駛人員

在某些情況下，船長認為有必要時，得要求到兩位航行駕駛員到駕駛台協助，其中一位為當值船副，另一位為輔助駕駛人員。但這兩位駕駛員的責任應分工明確。

當船長認為需要兩位駕駛員到駕駛台協助船長的情況，正表示船舶處於比較危險情況之中，造成這種危險情況的原因，可能為：

(1) 安全界限狹窄，船舶必須謹慎地保持在預定航線上航行。

(2) 龍骨下餘裕水深減小。

(3) 交通繁忙水域。

(4) 能見度不良或類似的情況。

在正常航行的前提下，當值船副仍然履行其所應擔負確保航行安全之的職責。輔助駕駛人員的職責則是向船長提供根據雷達觀測之結果，以及報告有關海上交通狀況，同時給予當值船副在海圖作業上之協助，包括準備正確資訊之海圖、重要航行決定之確認，以及處理內部及外部通信連繫之事項。船長應該對於輔助駕駛人員的職責及其所應負責之事項指示清楚，才不至於使在駕駛台的兩位駕駛人員工作混淆，反而耽誤航行安全。

六、駕駛實習生

航海院校航海相關科系之在校學生或畢業生。駕駛實習生在船上主要任務是學習，所以應教導使其瞭解駕駛台團隊每位之職責，並且協助瞭望、掛信號旗、練習操舵及測定船位等事項。

七、輪機部人員

有些船在接近引水站、進出港口或通過狹窄水道時，主機備便 (Stand By) 之情況下，輪機部之輪機長、大管輪或電機師會到駕駛台協助操俥，以便在緊急情況時，可以配合船長立即處理，防止海事發生。在這種情況下，這位輪機部人員就成為駕駛台團隊之成員。

八、引水人

在進入強制引水或自由引水區域時，引水人登輪後，運用其專業之經驗與技術從事引水業務，可視為加入駕駛台團隊，成為團隊成員之一，但是不需強加義務於引水人。

第二節　駕駛台團隊成員具備之特質

(一) 人格特質

人自出生即具有與生俱來之性格，及至後來家庭教育之薰陶，學校教育、同儕間相互影響、進入社會之後又因所處環境之影響，總和而成為個人所表現出之行為模式。身為管理者必須認清團體內之每位成員均有其個別之人格特質，應該予以瞭解與尊重，並善於鼓勵與認同，使其發揮其優點，以利於團體的整體運作。

船上船員之組成，多因船東之成本考量而有不同。有的全船均為同一國籍之船員，也有分屬兩個國籍者，甚至四個五個或更多國籍的船員在同一船上工作。船上之船長、大副及船副必須確實瞭解本船船員之人格特質，同時，還需加上考量其出身國家之國民特質等個別差異，在領導與管理上比較能夠得心應手。

通常船員在船上服務時，對自己工作持有積極的態度，就表示其對於工作之滿意度高。反之，若對於工作滿意度低，就會對其工作持有消極的態度，經常會抱怨、發牢騷等。所謂工作投入指的是員工認同自己的工

作、積極參與工作、把工作績效視為個人價值的體現的程度。在船上工作，除了每天的固定當值與工作之外，必須長時間與岸上之親友分離，再加上海上天氣與風浪多變化等，許多因素影響工作情緒。因此，身為管理者除了應盡量鼓勵與培養船員積極的工作態度之外，並注意其精神生活之抒解。

(二) 公司組織文化

公司之組織文化乃是公司組織成員所具有之共同的價值觀與信念。此一組織文化在相當程度上決定了組織成員的行為模式、基本價值觀與共同目標。當遇到問題或工作上有困難或瓶頸時，組織文化將影響組織成員的行為，並影響他們對問題的定義、分析和解決。

組織文化乃隱約地約束組織成員應該做什麼，或不應該做什麼，所以身為管理者更應瞭解組織文化。因為這些約束很少有清晰的明文規定。然而它們確實存在，而且在組織中所有的成員加入組織相當時間之後，就能領會該做什麼以及不該做什麼。

例如我國各大航運公司包括陽明海運公司、長榮海運公司、萬海航運公司、台塑海運公司、裕民航運公司等，各個公司均有其所謂之公司文化。因此，當船員在選擇服務之公司時，往往會將其所瞭解之公司文化列入考量；同樣的，船公司在招募新進船員時，也會詢問原來在哪一家船公司服務，概略瞭解其所受公司文化影響。

(三) 工作態度

態度是指對於物體、人物和事件的評價性陳述，這種評述可以是贊同

的也可以是反對的。它們反映了個體對於某一對象的內心感受。當一個人說「我喜歡我的工作」，他就是表明自己對工作的態度。其態度決定了對某些人員與事情的行為。

態度是由三種成分構成：認知成分、情感成分和行為成分。態度的認知成分由一個人所持有的信念、觀點、知識或資訊構成。「歧視是錯誤」的這種信念就是態度的認知成分。態度的情感成分是態度中的情緒或感受部分。「我不喜歡某人，因為他歧視少數民族」這一陳述中反映了情感成分的存在，最後，情感成分可能會導致行為結果。態度的行為成分是指一個人以某種方式對某人或某事做出行動的意向。為了簡化起見，態度這個概念通常是指它的情感成分。

誠然，對管理者而言並不對員工持有的每種態度都感興趣。他們只對與工作任務有關的態度感興趣。這其中三種最重要的態度就是工作滿意度、工作投入和組織承諾。通常我們談到組織成員的態度時指的就是工作滿意度。工作滿意度高就是對自己的工作持有積極的態度；工作滿意度低就是對自己工作持有消極的態度。工作投入指的是成員認同自己的工作、積極參與工作、把工作績效視為個人價值的體現的程度。組織承諾代表了員工的組織取向，指的是他們對組織的忠誠程度、認可程度和參與程度。在目前的工作環境中，組織越來越依賴於團隊合作和協調精神以完成任務，因此團隊成員對於船上工作態度的積極與否，對整體的效能深具影響。

第三節 工作壓力與疲勞度

(一) 工作壓力

船員在船上工作所承受的壓力有內在的與外在的兩種：內在的壓力來自於自我要求較高，諸如新上船工作，期望自己盡快進入狀況；或面臨到某項工作自己覺得信心不足無法勝任；或自己對工作環境不滿意、不積極而有怨言；人際關係不好，或本身家庭有事情操煩、內心痛苦而有壓力等。外在壓力則有來自公司或船長的嚴格要求、港口國監督檢查、美國 Coast Guard 檢查、ISPS 檢查、ISM 稽核、限時洗艙驗艙檢查、氣象預報將面臨惡劣天氣、濃霧中航行、即將進入狹窄水道或交通繁忙水域等。組織成員的工作壓力，可透過船上的文康休閒的安排及同事間的交誼而獲得舒緩。

雖然工作上可能會有有諸多壓力，如果是抱著積極態度面對所承受之壓力，對於船員本人以及整個駕駛台團隊是有助益的。

(二) 疲勞度

船東為節省營運成本，不斷的精簡船員。因此，船員在船上工作的負荷，無形中就增加許多，假若沒有做適當而且充分的休息或睡眠，疲勞在相當時間的累積之後就會形成所謂的過度疲勞。船員過度疲勞的發生，除了對船員自身的健康狀況會有影響之外，對於其所服務船舶之安全性也會有一定程度之影響。在許多海上意外事故的調查案例中，發現船員過度疲勞為肇事主要因素佔有相當高的比率。

在 STCW 章程 A 第八章第一節對於防止值班過度疲勞之規定如下：

1. 主管機關應考慮船員，特別是涉及船舶安全和保安工作職責的船員，由於疲勞所引發的危險。

2. 為所有負責值班的高級船員或參與值班的普通船員以及涉及指定的安全、防污染和保安職責的人員提供的休息時間應不少於：

   (1) 任何 24 小時內最少 10 小時；以及

   (2) 任何 7 天內 77 小時。

3. 休息時間可以分為不超過 2 個時間段，其中一個時間段至少要求有 6 小時，連續休息時間段之間的間隔不應超過 14 小時。

4. 在緊急或在其他超常工作情況下不必要保持第二段和第三段規定的關於休息時間的要求。緊急集合演習、消防和救生艇演習，以及國家法律與規則和國際文件規規定的演習，應以對休息時間的干擾最小且不導致船員疲勞的形式進行。

5. 主管機關應要求將值班安排表張貼在易顯見處。該值班安排表應按照標準格式使用船上工作語言和英語編制。

6. 在海員處於待命情況下，例如機艙處於無人看守時，如該海員因被召去工作而打擾了正常的休息時間，則應給予充分的補休。

7. 主管機關應要求使用船上工作語言和英語按照標準格式保持對船員每天休息時間的紀錄，以監督和核實是否符合本節的規定。海員應得到一份由船長或船長授權的人員和海員簽註的有關其休息情況的紀錄。

8. 本節任何規定並不妨礙船長因船舶、船上人員或貨物出現緊急安全需要，或出於幫助海上遇險的其他船舶或人員的目的，而要求海員從事長時間工作的權利。為此，船長可暫停執行休息時間制度，要求海員從事必要的長時間工作，直至情況恢復正常。一旦情況恢復正常，只要可行，船長就應確保在原定休息時間內完成工作的任何海員獲得充足的休息時間。

9. 締約國可以允許對上文第 2.2 段和第 3 段中所規定的休息時間有例外，但在 7 天內的休息時間不得少於 70 小時。

第 2.2 段規定的每週休息時間的例外，不應超過連續兩個星期。在船上連續兩次例外時間的間隔不應少於該例外持續時間的兩倍。

第 2.1 段規定的休息時間可以分成為不超過 3 個時間段，其中之一至少為 6 個小時，而另外兩個時間段均不應少於一個小時。連續休息時間段間隔不得超過14個小時。例外在任何 7 天時間內不得超過兩個 24 小時時間段。

例外應盡可能考慮到在 B-VIII/1 節裡關於防止疲勞的指導。

10. 為防止酗酒，主管機關應對正在履行安全、保安和海洋環境職責的船長、高級船員和其他海員設定血液酒精濃度 (BAC) 不高過 0.05% 或呼吸中酒精濃度不高於 0.25mg/L，或可導致該酒精濃度的酒精量的限制。

(三) 船員疲勞度對船舶安全影響之實例

(1) 船員準備引水梯時，落海

　　某貨櫃輪到港，其船員準備引水梯時，船員因為太過疲倦，精神不夠集中，在綁紮引水梯時，不幸落海，正好被駛往該船之引水船救起，經詢問其落海之理由，船員回答就是太累。因為該船自廈門駛往高雄，海上航行時間僅 7 小時，除了航行當班還要整理甲板，收貨櫃綁紮器具 (lashing gear) 等，幾乎沒有時間充分休息，接著就要進港，所以在準備放引水梯的時候，一不小心跌落海中，幸好身上有穿救生衣，又有引水船在附近，才保住性命。

(2) 貨櫃輪出港中，操錯舵

　　某貨櫃輪出港，在通過高雄港第二港口信號台出港中，起先發現船首向有向左偏之趨勢，便下右舵 10 度之口令修正，舵工操成反舵（左舵 10 度），當時並未察覺，僅感覺船首向繼續向左偏轉，便下右舵 20 度之口令加強修正，此時，抬頭一看舵工竟已操成左舵 20 度，立即命其改成右滿舵，船首向才緩緩向右轉回出港航向，幸好及時發現予以修正才沒撞上防波堤，舵工不斷道歉並承認靠碼頭除了當班還上岸遊玩、購物，太過疲勞導致精神渙散。

(3) 雜貨船在靠泊碼頭時，觸及他船

　　某雜貨船在靠泊碼頭時，當時泊位空間有限，船身慢慢滑行至預定泊位時，便下最慢倒車 (Dead Slow Astern) 口令來停船，然而當值船副卻將俥鐘搖成最慢進車 (Dead Slow Ahead)，船身不但未能及時

停下，反而繼續往前滑進，當時雖然發現搖錯俥鐘，並立即停俥再打倒俥，卻已無法制止船身前移而造成本船船艏輕微觸及前船之船尾。當值船副承認，太累導致注意力未能集中，因為在到港前 12 小時幾乎完全沒休息，要航行當值、準備到港文件、準備求生滅火檢查事項等等。

(4) 貨櫃船在港內移泊時，幾乎撞及漁船

某貨櫃船夜間在高雄港內移泊時，船首附近有未點燈的小漁船，船頭大副沒發現，駕駛台當值船副也沒發現，就在快要撞及漁船時，被引水人發現立即用舵避讓，幸好及時避開漁船，未釀船禍。船長見狀立即道歉並解釋可能原因為船員太過疲勞所致。因為該船為行駛於海峽兩岸間之轉運貨櫃船 (Feeder)，每次進入高雄港都可能要移泊 4、5 個碼頭，大約平均每隔 3 至 4 小時就要移泊，所以每位船員都體力透支；只有等到開船離港後才能稍事休息，因為幾個鐘頭之後，又要到達廈門或福州港。

(四) 防範船員過度疲勞對船舶安全影響的方法

為了要防範船員過度疲勞，國際海事組織 (IMO) 在航海人員培訓、發證及當值標準國際公約 (STCW) 章程中，特別針對駕駛台成員的休息時間做出強制性的規定，即在任何 24 小時之內，必須有 10 小時的休息時間。假若休息時間被分為兩段，則任一段必須至少有連續 6 小時休息，。每連續 7 天至少有 70 小時的休息時間。

國際勞工組織 (ILO) 在其公布的 180 號公報 (ILO 180)，對於港口國管

制 (Port State Control) 之相關規定中指出海員在任何連續 7 天的期間內，休息時間不得少於 77 小時。

國際海事組織 (IMO) 與國際勞工組織 (ILO) 在其公布的海員工作時數之相關規定較為複雜，而且要做海員個別工作時數之記錄。為了減輕船上管理者負擔，國際海運公會 (International Shipping Federation ; ISF) 特別開發一套軟體 (ISF Watchkeeper) 提供船上管理者使用。

船上管理者應注意下列方法來改善船員過度疲勞：

(1) 利用各種機會宣導或張貼海報的方式，強調對於疲勞度的認知以及對於船員本身及船舶安全之影響。希望並鼓勵船員主動找機會利用時間補充睡眠或小憩休息。

(2) 船員應該切實利用非當值時間做到充分休息，管理者如船長、大副、輪機長、大管輪、水手長等，應積極注意各級船員之工作及休息間，絕對要避免讓船員產生過度疲勞之狀況。

(3) 注意船員住艙之環境狀況，假若太熱、噪音太大或震動很厲害，嚴重影響睡眠品質時，如船上有其他備用住艙，應考慮更換住艙。

(4) 加強駕駛台資源管理 (BRM) 之訓練與實踐，切實做到對於航行定位之重複核對，船長或引水人之口令覆誦並注意其正確性，對於俥令及舵令的執行，務必特別注意，如有任何疑惑處應立即提出。

(5) 船長在必要時，應主動代替大副或當值船副當航行班 1 或 2 小時，讓船副能有相當休息時間，才不至於在過度疲勞情況下航行當值。

(6) 國際海事組織 (IMO) 為了減輕疲勞度與處理過度疲勞的方法，出版

了一本【疲勞過度指引】(Guidance on Fatigue)，可詳閱參考。

第四節　人為失誤與錯誤鏈

一、航海中的人為失誤

船舶在海上航行發生海難或事故，經過許多檢討及報告，發現人為失誤所造成的事故，佔了八成以上。

人為失誤之原因常常與一個人的健忘、過度疲勞、不專心而疏忽或純粹的無知有關聯。實際上，有關船舶運動的三個主要技術系統：動力系統、操舵系統、駕駛系統等，發生系統故障或操作失誤而沒有及時發覺，將會導致船舶失控甚至發生海事。這種因技術系統發生故障而發生海事，雖然並非操作上之錯誤，仍應檢討平時之維修與保養是否按規定做好。

因設備與資料產生的人為失誤有：完全或間歇性故障、安全或警報系統發生故障、雜牌的 RADAR, ECDIS, AIS 取得不正確訊息、由於雷達未開啟而沒有發現目標及海圖和參考圖籍上的資料未經修改或更新等。

當某項活動的要求，超出人的正常需求或超過一個人的特殊能力時，就會產生失誤。例如，長時間注意力集中在雷達銀幕上就會造成眼花，將可能看不清楚目標或看錯目標而出現判斷錯誤，因而發出不充分或未經仔細評估的指令等。

人非機器，人擅長於利用知識來分析局面、解決問題，但是人不同於

電腦，不擅長於長時間進行重複性工作，也不適於長期不間斷地保持精力高度集中，時間一久，易於出現厭煩、疲勞和枯燥及遲鈍等現象而發生失誤。人為失誤大多是操作者發生錯誤，例如舵工操錯航向、當值船副定位錯誤或在使用電子導航系統時產生錯誤。

由於缺少知識或缺乏經驗，或兩者兼有而導致的失誤。典型的例子有；當值船副由於不熟悉船舶運轉特性，而採取了不正確的決策，或由於不瞭解操作手冊，而造成未能正確地使用航海儀器或誤解信息資料

通常，人為失誤可經由訓練和在接受監督的前提下，讓船員面對潛在的困難局面加以解決。有時在面對向高級船員提出質疑時，因感到不自然而變得十分困難。其結果影響包括可能造成對於高級船員之意圖的誤解，或者毫無條件的服從。

二、錯誤鏈

通常駕駛台團隊成員在工作中，可能會有錯誤的觀念或錯誤的行為發生，然而僅僅一項錯誤的發生，在發現後立即予以修正或採取措施補救，即可恢復正常運作，將不至於發生海難或意外事故。然而，當海上意外事故發生時，究其原因經常是由於許多小錯誤發生，未能予以及時修正或忽視，之後接連再發生其他的錯誤，往往這些相互關連的小誤差 (Non-Serious Errors) 累積而成為較大、較嚴重的海上事故。這種相互有關連性的小誤差就是所謂的錯誤鏈 (Error Chains)。

(一) 錯誤鏈的形成

對於周圍環境的充分瞭解，有助於覺查到一個錯誤鏈的形成，在此基礎上，採取相應的措施即可中止產生錯誤鏈。通常，顯示錯誤鏈形成的跡象與顯示情境認知度 (Situational Awareness) 之喪失的跡象是一樣的。因此，喪失情境認知度，則相對的容易使錯誤鏈得以形成。駕駛台團隊工作中的一些跡象，正可表示某一錯誤鏈在形成之中，例如當值船副疏於測定船位，船舶受風壓或流水影響而顯示著船舶航行未按航行計劃執行，或對情境認知度缺乏認知，但是這並不代表著事故就一定會發生。然而，當船舶遇到可能產生危險的狀況時，一定要立即採取行動來打破錯誤鏈。

(二) 錯誤鏈形成的跡象有：

(1) 不確定性 (Ambiguity)

當兩個或多個獨立來源的信息不一致時，例如兩個不同定位系統（雷達定位與 GPS 定位）、測深儀讀數與海圖之圖示水深不一致或兩位駕駛台團隊成員對同一事件的觀點不一致等，都是屬於不確定性。當發生訊息有不確定性時，其本身也許沒有立即危險，但表示著事實上的確是有所差異，其差異的原因是需要查明的，不可以含糊帶過。不確定性可能是由於經驗不足或缺乏訓練的結果。資淺的船副往往在發現有疑問時，因為自信不足或怕被指責而不敢提出。實際上，每一位駕駛台團隊成員都是經過完整的教育與訓練，而且對於駕駛台運作有相當的瞭解，應該很有自信的提出質疑。

(2) 精力渙散 (Distraction)

當集中注意力於某一事件時，會疏於注意周圍發生的其他事件，就是精力渙散。出現精力渙散之現象可能由下列因素造成：超負荷工作導致睡眠不足、壓力、過度疲勞、突發之緊急情況、注意力不集中、經驗不足或經常性的操作而疏忽細節。有時盡管不危險但突然發生的事件，而造成分心。例如突然傳來的 VHF 呼叫，它會吸引一個人的全部注意力，從而忽視了其他更緊迫的事件。現在手機盛行，有時在近岸航行中，突然手機來電，在專心接聽手機時，疏忽了定位或延誤轉向之時機，而發生擱淺事件。

(3) 感知不全面或混亂 (Inadequacy and Confusion)

局面失去控制的感知，就如一個人接下來不知道會發生什麼一樣。資淺船副由於其知識與經驗的不足，對於較為複雜之狀況，例如當船因為風壓以及流水影響，再加上避讓他船，而使本船偏離原航線漸漸陷入危險情況之中，而無法事先察覺，在發現情況危急時會有不知所措的感覺，這就是感知不全面或混亂的現象。這種現象多是由於經驗缺乏造成的，資深船副則較能應付緊急之狀況，在本船陷入危險之前，採取適當措施，化解危機。

(4) 通信中斷 (Communication Breakdown)

船上內部即駕駛台與船頭、船尾、舷梯當值以及機艙之間或對外與其他船舶或 VTS 與引水站等岸台之間，相關的各個單位間的溝通不良常常會引起混亂甚至危險。例如本船船員間民族語言的差異造成

的誤解；船長、引水人之間對於相關的意圖沒有達成默契。船上內部通信則可能被環境噪聲等的物理因素干擾，也可能因缺乏共同語言或不同的處理方法而中斷；船上外部與交通管制台或其他船舶之通信的中斷，可能是因為情況緊急而言詞混亂或沒有共同語言或因誤解造成的。克服這種失誤的辦法是平常對船員進行足夠通訊方面的訓練，保持耐性與持續的聯絡和溝通是為克服通信中斷之良方。

(5) 指揮或瞭望不當 (Improper con or Lookout)

船舶指揮權之轉移不清楚，例如船舶航行中，當值船副在下列情況下，需請船長上駕駛台：

① 任何時間當值船副認為需要請船長上駕駛台時。

② 航程計劃中，以及海圖上註明需要"Call Capt"時。

③ 按公司當值常規 (Standing Orders) 規定之狀況發生時。

④ 按船長夜令簿 (Night Orders) 之規定。

⑤ 海圖上有特別標明之處，例如到港前 3 小時，或接近繁忙水道例如新加坡水道時等等。

船長到達駕駛台時，當職船副可以向船長簡報當時之狀況，但並非將指揮權直接轉交給船長，當值船副仍應按照船長未上駕駛台前，執行其應負航行當值之職責。

當船長主動行使指揮權時，船舶指揮權才算轉交給船長。同時應將 (Capt Took the Con) 記錄在航海日誌。當值船副擔任協助之角色，同時對於當值的其他成員也應負責督導。

另外，當船舶抵達引水站接引水人登輪，在船長與引水人交換訊息後，船長將指揮權交給引水人時，船長應宣布引水人接掌指揮權 (Pilot Took the Con) 並將引水人取得指揮權之時間記入航海日誌。

瞭望不當多為擔任瞭望人員不瞭解本身職責，不專心瞭望或做其他事情，而造成航行危險。

(6) 偏離計劃航線 (Non-compliance with the Passage Plan)

偏離計劃航線可能是由於不當的航行指揮或航程監測不當，或對於情境認知度之缺乏而造成的。例如船舶駛入分道通航制之錯誤的航行巷道，當值船副卻不自知，這可能因為定位錯誤或不懂規則所造成。然而，當在發現錯誤時，應立即修正，並提醒駕駛台團隊其他成員注意此一錯誤。

(7) 違反已建立的規則或程序 (Procedural Violation)

程序上的違規，形同於未遵守航行計畫。當沒有正當理由而背離明確規定的標準操作程序時，當值船副通常必須重複檢視其所採取之行動。

(三) 切斷錯誤鏈與事故的預防

1. 切斷錯誤鏈

自始至終注意錯誤鏈是否存在，認識錯誤鏈與相關的環節存在可能性，識別現有錯誤鏈與相關的環節，及早採取行動切斷錯誤鏈，並制定措施以防止錯誤鏈的再次產生，雖然難以避免錯誤鏈的產生，但必須在發現時，立即採用中斷點來切斷錯誤鏈，儘量在事故發生

前採取措施解決問題。

2. 失誤的預防

就失誤的預防而言，積極的工作態度非常重要。最令人困惑的工作態度是過度自信。例如：實際上需要兩個人完成的任務非要逞強一個人來承擔，這結果可能會輕則造成人身傷害，重則發生嚴重事故；又例如在船上，發現有需要修理之故障的設備，卻因過於自信而未及早請輪機人員幫忙，結果錯過關鍵的時機，終於無法避免故障發生而造成船舶擱淺或碰撞等事故。

因此，平日除了應注意錯誤鏈是否存在，若發現則及早採取行動切斷錯誤鏈，並應該做好下列準備，以預防失誤的發生：

(1) 平時做好應急計劃，在發生緊急狀況時，能夠立即反應，以避免危險發生或防止危險擴大。

(2) 平時養成安全的做法與習慣，在正常操作中能遵守安全的慣例，對於自己訂定之船位、下達之俥令及舵令等動作，均應自我檢查其正確性。

(3) 對於他人之航行動作，注意檢查和監督，同時也樂於接受他人的檢查和監督。

(4) 建立寬鬆的質詢氛圍，並從失誤中獲得經驗和教訓。

第五節　情境認知度

情境認知度 (Situational Awareness) 是指在一個特定的時間,對於船舶會有影響的各種因素和狀況能夠準確感知,也就是指當值船副或其他當值人員能夠識別一個錯誤鏈的逐漸形成,並在意外事故或海事案件發生前,將錯誤鍊打破的能力。簡言之,情境認知度就是確切知道在本船周圍的現況,以及未來可能發展的情形,提早做防止意外事件或險情 (Near Miss) 發生之能力。喪失情境認知度乃表明一個錯誤鏈正在形成。

　　情境認知度實際上與船舶安全有密切之關連性。情境認知度越高,事故風險越小;低情境認知度容易產生高風險,高情境認知度則會減少風險。

一、情境認知度的組成

情境認知度是由個人的情境認知度和團隊組織的情境認知度所組成。

1. 個人的情境認知度

個人的情境認知度包括:

(1) 個人的經驗與訓練。

(2) 舶操縱與航儀操作之技能。

(3) 個人的身體情況與精神狀態。

(4) 周圍情況的適應與熟悉程度。

(5) 領導與管理技能。

2. 團隊的情境認知度

團隊情境認知度是指包括船長、船副、海員及引水人等所有個人情境認知度的組合。

二、情境認知度喪失的徵兆

因為喪失情境認知度的結果將會使錯誤鏈得以形成，所以表明情境認知度喪失的跡象與表明錯誤鏈形成的跡象大體上是一樣的。

情境認知度喪失的跡象有下列八項：

1. 不確定性

兩個或多個的一般認為可信度很高的信息發生了矛盾，其間存在著不確定性問題。例如：設備、人員、法規、規則、程序與系統，或這些要素的綜合。

2. 精神不振

全部注意力注視在一個問題或情境認知度的某一個方面，因而忽視了其他問題。例如領導與管理的失誤、任務太多、壓力或疲勞、緊急情況和疏忽。

3. 感知不全面或混亂

(1) 對局面難以確定與發生混亂的感覺。

(2) 對周圍的船舶與將發生的情況無法判斷。

(3) 因缺乏經驗或訓練而產生的後果。

4. 通信中斷

不正確或不良的通信將導致所下達之指令不能被正確執行、需要複述指令、喪失或誤解信息、不能完整地接受和瞭解計劃。

5. 指揮或瞭望不當

(1) 未能實施正確的控制與指揮。

(2) 航行超速。

(3) 船舶不正確地航行。

(4) 未能安排好瞭望人員。

(5) 沒有能夠勝任工作的稱職人員。

6. 沒有或未能實施航行計劃

(1) 未制定或未能實施航行計劃。

(2) 未事先計畫而直接採取背離航行計劃的航線。

(3) 對已制定之計劃無法滿足其目的與要求，亦未採取進一步的措施。

7. 違背已建立的規則或程序

(1) 違背國際海上避碰規則。

(3) 違背當地航行規定。

(4) 沒有正當的理由而背離明確規定的操作程序。

(5) 未能遵守航行計劃而走捷徑。

8. 自滿

(1) 自信。

(2) 對從事的工作與業務過於熟悉，而未能專心執行。

(3) 不考慮或輕視潛在問題。

(4) 自認為很安全。

三、保持良好的情境認知度

首先，應利用一切手段加強情境認知度，即利用知識和技能、經驗、計劃和準備工作、良好有效的通信等以及善用駕駛台團隊的資源管理。

其次，應最大程度地加強當值駕駛員的情境認知度。如正確感知周圍情況、敏感地察覺周圍情況的變化、全面了解周圍情況變化的影響、正確考慮和計劃好即將面臨的情況以及知道周圍將發生之狀況等。

最後，應充分了解到其他駕駛台團隊成員的重要性。單憑個人的力量是不可能保持高水平的情境認知度的，需要其他成員的協助。團隊成員應認識到本身所承擔的任務，並儘量做好份內的工作。同時，假若團隊成員做得不夠好，也要用鼓勵而不應採取批評方式來提示，將可獲得最佳的效果。

第六節　駕駛台團隊任務

在駕駛台團隊任務分配方面，應避免過於強制規定，因為這與相關人員的能力和素質，以及要求輔助駕駛人員參與的環境和駕駛台整體布置有關。每位團隊成員均應明白自己所應履行的任務和其他成員的職責，儘量避免不必要的職責重疊，特別需注意的是確保其他重要的工作，不被忽略

或忽視，以免因個人錯誤導致發生航行危險。

當值船副應加強目視瞭望，提早採取避免碰撞之措施，確實了解各種航儀之操作方法及其誤差，並做適當的誤差調整，妥善使用各種航海定位系統，並利用不同方法以測定船位，並加以重複檢查，以免某一定位方法有問題時，仍不致影響船位之取得，確保船舶按照航程計劃執行，依循預定航線航行，並經常注意是否偏離航線。如感覺有需要時，報告船長請輔助駕駛人員上駕駛台可能是一個很好的建議，特別是剛下班之船副，或者能立即上駕駛台之船副。然而，最終的決定權在船長，這種情況應在計劃階段即考慮到，並包含在航程計畫之中。

在船長操縱船舶的情況下，當值船副應向船長提供足夠的信息使船長做出適合當時情況的決定，這是當值船副和其他相關人員的職責。通常均以遵循原始之航程計畫為原則，但確認船舶是否按計畫行駛，不僅僅是船長一個人的職責，當值船副應保持有規律地定位，監測本船是否按計畫進行，當發現航程中情況有變化時，應立即告知船長，並確認船長發出的航行命令及船舶指揮控制方面的指令；實際上，優良且稱職的當值船副是能夠為船長分擔責任與壓力的。

引水人加入團隊，乃運用其經驗與專業技術，並能夠提供當地航港最新資訊，必要時，可以對船上的航行計畫提出修正建議或照章執行，引領船舶安全且順利的靠泊碼頭或平安的駛離港口。

第四章
組織管理與領導

　　船舶為海運營運的主要工具，它是船公司整體結構組織中的重要部分。由於船舶本身具有其獨立性，其組織運作非公司所能直接掌握。由於航行於世界各地，在海上時間多於停泊港岸的時間。又由於船舶必需接受國際相關法令的規範，此一特殊的情況，使船舶的運作與管理，相對於一般其他組織結構，自有其複雜獨特的一面。船舶既為有形的機構，為了達成運作的需要，即有船上的組織。有了機構組織，就存在「管理的功能」。管理是機構的一個機體，而船上的組織管理除了一般組織中的授權，還隱含著法律上的責任。

　　船長作為船舶的主要決策者，船長本身的文化意識同樣受到航運環境的影響，其環境因素包括：國際海事組織、港口國、船舶管理公司、港口國管制、船級社、保險公司、船東、租船人、船舶交通管理中心、駕駛台、引水人、旅客和船員。此外，船舶又是個組織，船上海員均具有不同的文化背景如宗教、教育、專業與訓練、親友、家庭經濟條件、娛樂、飲食、健康狀況與衛生習慣等。

　　船長身為船舶的管理者，要想成功地實現船舶營運目標，必須要與船舶組織內外的其他人良好合作。為了有效合作，則需要增加彼此之間的理

解。這種觀念應包括對於不同人不同工作方式的認可，也就是說，船長對於船員無法選擇，往往派上船服務之船員其國籍與素質均有所不同，船長必須面對船員具有不同人格的特質之事實的接納與訓練。對於一位成功的船長而言，這是很重要的觀念。

　　船長在船上的管理模式及使命，隨著時代的演進及社會環境的改變，其在管理人角色的定位上及管理趨勢的範疇中，如何既能符合國公約法規，又能兼顧公司的營運管理政策，及利害關係人的保障等各種因素考量下，達成船長在領導管理的使命是值得深思的課題。

第一節　船上組織與管理

一、船上組織之群體

　　船上的組織，因其運作需要而編制，而有正式的組織。由於群體生活的關係，亦有非正式組織的存在。兩種組織構在船舶的管理運作上都發揮了它們的功能。正式的組織是為完成既定的工作。而非正式的組織，卻影響著正式組織的運作。

　　在論及組織，我們首先應了解組織群體的功能類別：

　　1. 指揮群體 (Command Group)：乃組織表所決定的命令體系。

　　2. 任務群體 (Task Group)：身負完成一特定任務的眾人所組成。

　　3. 利益群體 (Interest Group)：因相互間有相同而特定目標的眾人自然

親近而結合。各人之所從出，非關於指揮群體或任務群體。

4. 友誼群體 (Friendship Group)：具有一項或共同特性或喜好之人所組成。

所謂非正式群體 (Informal Group)：其存在並非組織所能決定的。其形式亦非正式結構化。它的形成，某些是在工作的環境裡自然地產生，其背景也反應了人際的社會接觸。依戴爾頓 (M. Dalton) 之觀點將「非正式」群體分為：

1. 水平群體——相似的階級及工作領域。

2. 垂直群體——不同階級和部門成員。

3. 混合群體——不同階級，不同職務，不同部門甚至不同工作性質之成員。

而商船的組織群體，在正式組織中，其組織型態及特性如下：

1. 傳統 (Traditional) 編組：

　船長之下設駕駛，輪機，電訊及管事四部門。近年來管事由報務主任兼任。合併成為三部門，各部門配屬若干乙級船員。

2. 通用 (General Purpose) 編組：

　船長以下三部門的甲級人員依舊，而乙級船員則不分部門，由通用長統籌管轄船上之值班及保養工作。

3. 新制全自動商船編組：（日本 1977 年實施之自動化船舶）

　由於船舶操控系統及人類素質的提高，船長以下之甲級船員都能航輪兩用。其組織型態只是一個工作小組而已。

　　商船的正式組織，並無一特定標準模式。隨著船上人員編制的減少及職務工作的精緻化，非正式組織存在的影響，有日趨式微的趨向。

二、船上組織之管理

　　船上的群體組織，不論呈正式或非正式的都能經由「權威結構」及「正式規範」做為管理上基礎。管理是為了達成組織的使命或目標。為了達到使命或目標，在組織中，即有職權層級 (Hierarchy of Authority) 的設計，這是每一個組織中都有的共通屬性。

　　船上組織中依各個業務功能不同，而有部門主管（如大副、輪機長、大管輪），分別在各自部門中運作。而對於船舶的整體運作，則由船長負責。船長在船上組織的管理中，非僅限於航海操縱船舶，他必須對組織整體性的輸出「效能」負責。管理有三個主要使命：

　　1. 機構的特定目的與成效。

　　2. 使工作具有生產性並使工作人員有成就。

　　3. 達成社會影響力與社會責任。

　　船長在所扮演的角色中，三項任務均需予以達成。管理大師杜魯克 (Peter .F .Drucker) 認為「Manager」依所處組織及場合不同而定義為「管理人」，「執行者」，「指揮官」或「行政人員」。而船長在管理上所擔負的任務，在上述四種角色中是同時存在的。他的管理權力來源除了公司組織中授權外，尚包含了法律層面的授權。

　　組織群體需要管理。在管理方式決定之前，應先了解船上組織的群

體需求。對於人類群體的需求，以馬士洛 (A. Maslow) 提倡的自我實現說 (Self-actualization Theory) 為代表。他認為人類是「不斷在需求中的動物」，若一種慾望滿足，便渴求另一種需求的滿足，永無止境。他並且將人的各種需求分級排列，依次為生理需求 (Physiological Needs)、安全需求 (Safety & Security Needs)、社會需求 (Social Needs)、尊重需求 (Esteem Needs) 及成就的需求 (Self Actualization Needs)。船上的群體，同樣渴求這五種需求的滿足，因此在船上組織管理中，在各種運作功能的工作上應考慮人性的基本生態。

船上管理人的工作應包含下列五項：

1. 擬定目標：為達到船舶安全管理目標所須做的事。

2. 執行組織中所需的作業，決策及關係。

3. 推動及連繫船上各項業務。

4. 衡量船上各部門間整體實踐的成效。

5. 培養人才，訓練人才，自我訓練與提昇。

三、船上管理人角色的認知

1. 角色的認知

莎士比亞說「整個世界就是一個舞台，所有的男人和女人只不過是不同的演員罷了。」又說「祇有成功的演員，而無偉大的角色」，船上的船員都是演員，每個人分別扮演了他的角色。對於某一角色，我們都會有一定行為模式 (Behavior Patterns) 的期望。如果每一個人選擇一個角色，並且

按常理而且一貫性地演出，則對於角色行為的瞭解，將可以大大簡化。然而，人往往要扮演多種不同角色，船長在船舶管理上，即同時存在著角色的模糊 (Ambiguity) 與衝突 (Conflict)。船長在多重角色扮演中，需對角色的相關意義有所了解。

(1) 角色識別：船長角色需要具備的態度與實際行為。

(2) 角色知覺：處於某一情境之下，他人對於船長扮演之角色及行為之瞭解。

(3) 角色期望：位處船長的地位，由他人眼光中所認為你應如何或不該如何從事或扮演的角色。

2. 角色的衝突 (Role Conflict)

當船長面臨不同的角色期望之際，便有角色的衝突。角色的衝突又分為角色內衝突 (Intrarole Conflict) 與角色間衝突 (Interrole Conflict)。

(1) 角色內衝突：指同一角色在面臨不同的期望與要求時，所產生的衝突。這是個人所感受的衝突。經常讓人大嘆「主管難為」。

(2) 角色間衝突：指一個人同時扮演不同的角色，因各角色期望有所不同，所產生的衝突。

船長在角色中的衝突是恆在的，它非如同一般企業組織中藉由改變組織結構，改變爭論主題，改變群際關係及改變個人特質所能竟功。

3. 經理人的角色

閔茲伯格 (Mintzberg.H)，認為經理人 (Manager) 要扮演十種角色 (Role)。船長身為船上組織結構的管理者，同樣地亦應扮演著經理人的角

色，此十種角色，可歸納為下三類：

(1) 人際角色（象徵代表人、領導人、協調人）。

(2) 資訊角色（監督者、傳播者、發言人）。

(3) 決策角色（企業家、危亂處理者、資源分配者、談判者）。

四、駕駛台團隊的組織與管理

1. 團隊成員與任務

駕駛台團隊組織的成員在本書第二章第二節，及第三章中均有提到說明，除船長外尚包括大副、船副、額外船副、舵工、瞭望人員等航行人員，以及參與動力控制的機艙當值人員。其主要任務為在船長的指揮管理下，不論在任何水域環境，時時刻刻都必須能維持並達成船舶安全航行的目標。此目標包括既定的航速、最大許可偏航距離、及轉向點預定到達的時間等。

2. 計劃與協調

由於組織擬完成的工作是無法由單獨個人完成。因此這些工作應合理的計劃分到組織成員身上。航行計劃的擬定、航行當值的安排、進出港作業的工作分派、工作量時間及疲勞度的考量等，對於組織的管理者而言都必需審慎考量。有關工作的分派及引航員在船時駕駛台組織成員工作上的替換等，可參閱第三章內容的詳細說明。

第二節　領導藝術

領導是通過使用權力來影響下屬的過程；領導者與領袖人物有所不同，領袖人物著重於個人的氣質與魅力，領導則蘊涵了技巧和藝術的呈現。

一、權力和影響力

1. 權力

絕大多數有效的領導者依賴於運用不同類型的權力來有效規範下屬的行為，進而達到良好的工作績效，他們的權力可分為以下四種：

法定權力、強制權力、獎賞權力和專家權力。

(1) 法定權力：指領導者由於在組織中擔任某種職務而獲得的權力。常見的船舶組織結構中，水手長是大副的下屬，水手長對大副的工作安排通常會認真聆聽並照辦；ISM 規則要求船公司必須明確船長的絕對權力，因此在安全和防止污染事務方面，船長作決策時可以不受船公司的任何約束。

(2) 強制權力：指領導者對下屬有懲罰或控制的能力。我國船員法第五十八條有關船長指揮權中，亦有相關的規定。

(3) 獎賞權力：指賦予下屬所期待的利益或效益的權力。這包括獎金、獎章、升職或其他福利待遇等。

(4) 專家權力：指基於專業知識、技術或特殊技能的影響力。船長對於

船舶安全航行與操控有豐富的經驗及嫻熟的技術；輪機長擁有關於機艙設備的各種知識、技術和技能，也因此他們都受到部屬的尊重和服從。

2. 影響力

影響力是一個人在與他人交往中，影響和改變他人心理和行為的能力。可分為權力性影響力和非權力性影響力。權力性影響力屬於強制性影響力，其特點是：對別人的影響有強迫性和不可抗拒性，以外力的形式發生作用，在它的作用下，被影響者的心理與行為主要表現為被動和服從。因此它對人的心理和行為的激勵是有限的。

非權力性影響力由品格因素、能力因素、知識因素和情感因素構成，更大程度屬於自然影響力。雖然它既沒有正式規定，也沒有上下級授予形式，但實際上它不僅具有權力的性質，而且常常還發揮合法權利影響力所不能發揮的約束作用。

對於處在相同職位的領導而言，他們的權力是相同的。但他們的權力影響力所產生的效果則可能存在著差異。其區別在於能否有效提高自身的非權力影響力，從而獲得下屬的敬畏和崇拜。發自內心的接受領導管理，也就是所謂的領袖魅力。

二、領導者應具備的品質

一個優秀的領導者應該具備哪些品質？是他的體型、外貌、家庭背景，還是他的情緒穩定性、口才或者社交能力？研究結果表明這些並不是

領導者所特有的品質。下列六種特徵卻與成功的領導者有密切聯系。

1. 內在驅動力：領導者非常努力，有著較高的成就願望。他們進取心強，精力充沛，對自己所從事的活動堅持不懈，永不放棄，有高度的主動性。

2. 領導願望：領導者有強烈的願望去影響和統領別人。他們樂於承擔責任。

3. 誠實與正直：領導者通過真誠無欺和言行一致在他們與下屬之間建立相互信賴的關系。

4. 自信：下屬覺得領導者從沒有懷疑過自己。為了讓下屬相信自己的目標和決策的正確性，領導者必須表現出高度的自信。

5. 智慧：領導者需要具備足夠的智慧來收集、整理和解釋大量的資訊，並能夠確立目標、解決問題和正確決策。

6. 工作相關知識：有效的領導者對有關企業、行業和技術的知識十分熟悉，廣博的知識能夠使他們做出睿智的決策，並能認識到這些決策的意義。

第三節　決策制定

決策是指在兩個或者更多的方案中做出選擇。對管理者而言，決策品質優良與否關係著組織效能和目標的達成。

一、決策過程與步驟

(一) 決策過程

制定決策並非僅僅是管理者所做的事情，所有的組織成員都在制定決策，這些決策影響著他們的工作和所在的組織。

決策通常被描述為「在不同的方案中做出選擇」。由於決策是個複雜的過程，不僅限於從不同的方案中做出選擇，而且應遵循一些決策過程的步驟。

(二) 決策制定過程的步驟

決策過程包括八個基本步驟。整個過程開始於識別決策問題和確定決策標準，以及為每個決策標準分配權重，然後進入到開發、分析和選擇備擇方案，這些方案要能夠解決問題。接下來是實施備擇方案，以及最終評估決策的結果。這個過程既適用於描述個人的決策，也適用於描述群體的決策。

1. 識別決策問題

   在事情被確認為問題之前，管理者需要意識到問題，感到有採取行動的壓力，以及擁有採取行動的資源。

2. 確認決策標準

   一旦管理者確定了他需要關注的問題，對於解決問題來說，確認決策標準就非常重要了。亦即管理者必須決定什麼與制定決策有關。

3. 為決策標準分配權重

經確認了的決策標準並非都是同等重要的，故決策者必須為每一項標準分配權重，以便正確地規定它們的優先順序。

4. 開發備擇方案

要求決策者列出可供選擇的決策方案，這些方案要能夠解決決策所面臨的問題，無需對這一步所列出的方案進行評估，只需要列出即可。

5. 分析備擇方案

一旦確認了備擇方案，決策者必須認真地分析每一種方案。對每一種方案的評價是將其與決策標準進行比較。

6. 選擇備擇方案

從所有備擇方案中選擇最佳方案。已經確定了所有相關的標準、各自的權重，以及確認和分析了各種備擇方案，如此僅僅需要從備擇方案中做出選擇即可。

7. 實施備擇方案

實施包含了將決策傳送給有關的人員和部門，並要求他們對實施結果做出承諾。群體或團隊能夠幫助管理者做出承諾，如果即將執行決策的員工參與了決策的制定過程，那麼他們更可能熱情地支持決策的執行，以及取得效果。

8. 評估決策結果

決策過程的最後一步是評估決策的結果，看看問題是不是得到了解

決，是否達到了期望的效果等。

二、決策的普遍性

組織中的每個人都要制定決策，但決策更是管理者的重要職責。制定決策是管理者所有四個職能的組成部分。這也就是為什麼管理者在計劃、組織、領導和控制時通常被稱為決策者的原因。

事實上，決策是管理的同義語。幾乎管理者所做的每一件事都包含決策，許多決策是程序化的。值得注意的是，即使看上去非常簡單的決策，它也是決策。

三、管理者的決策制定

作為決策者的管理者在組織中如何制定決策時，應清楚決策觀點、問題和決策的類型、決策制定的條件和決策風格等。

(一) 決策觀點

1. 理性決策

管理決策的制定可以被假設為是理性的。理性決策描述的是管理者所制定的決策是前後一致的，是追求特定條件下價值的最大化。一個完美理性的決策者是完全客觀的和符合邏輯性的，不僅如此，理性的決策還會一貫地選擇那些最可能實現目標最大化的決策方案。

2. 有限理性決策

儘管完美理性存在著局限性，管理者仍然被期望在制定決策時遵循

理性的過程。因此管理者被要求具備正確的決策行為。但是，若決策制定過程，管理者越是按照有限理性的假設制定決策，他們的決策行為則只有在處理被簡化了的決策變量時才表現出某種程度的理性，這種簡化是由於個人處理能力的局限性造成的。

3. 直覺決策

直覺決策是一種潛意識的決策過程，基於決策者的經驗，以及積累的判斷。管理者通常運用直覺來幫助他們改進決策的制定。研究說明此五種不同的直覺，即潛意識的心理過程、基於價值觀或道德的決策、基於經驗的決策、影響發動的決策和基於認知的決策。

根據直覺制定決策或者根據感覺制定決策並非與理性決策毫無關聯；相反，二者是互補的。一個對特定情況或熟悉的事件有經驗的管理者，當遇到某種類型的問題或情況時，通常會迅速地做出決策，雖然看上去他所獲得的信息是十分有限的。此類管理者是運用他自己的經驗和判斷來制定決策。

(二) 問題和決策的類型

管理者在履行職責時將會遇到各種類型的問題，管理者採用何種類型的決策取決於他所面臨的問題的性質。

1. 結構良好的問題和程序化決策

有些問題是一目了然的，決策者的目標是清楚的，問題是熟悉的，有關問題的信息容易定義和收集。這類問題稱為結構良好的問題。程序化決策是指可通過常規方法處理的一種重複性決策。

2. 結構不良問題和非程序化決策

　　管理者面對的所有問題並非都是結構良好的和可以用程序化方法處
理的。這類問題是新穎的、不經常發生的、信息模糊的和不完整
的。非程序化決策是具有惟一性和不可重複性的決策。當管理者面
臨結構不良或者獨特的問題時，沒有現成的解決方案。它要求採用
非程序化決策方法現裁現做，根據問題制定解決方案。

　　管理者在制定決策時，無論是程序化還是非程序化決策，所面對的
一個挑戰性的問題是分析決策方案。無論是面對結構良好的問題還
是結構不良問題，無論是採取程序化決策還是非程序化決策，從決
策者的角度來看，不外乎是群體採取的決策和個人採取的決策。

3. 個人決策與群體決策

　　很多組織的決策是由群體做出的。與個人決策相比，群體決策具有
如下優勢和劣勢：

　　(1) 群體決策優勢

　　　　① 提供更全面更完整的信息

　　　　② 產生更多的備擇方案

　　　　③ 增加解決方案的可接受性

　　　　④ 增強合理性

　　　　(2) 群體劣勢

　　　　① 花費時間

　　　　② 少數人控制局面

③ 遵從壓力

④ 責任不明

群體具有完全不同於管理者的價值、感受和反應力。沒有人清楚群體體驗和偏愛。群體制定的決策源於有效的觀點，所以是好的決策，而且，這種決策多次地表明人們更願意完成自己深思熟慮的想法。他們會比完成他人強加的想法更加努力而積極地工作來實現自己的想法。

(三) 決策條件

管理者在決策的時候可能面對三種條件：確定性、風險性和不確定性。

1. 確定性

對於決策而言，理想的情況是確定性條件，在這種情況下，管理者可以制定出精確的決策，因為每一種方案的結果是已知的。這種條件並非大多數管理決策環境的特徵。它是一種理想化的特徵。

2. 風險性

普遍的情況是風險性條件，在這種條件下，決策者能夠估計出每一種備擇方案的可能性或者結果。在風險性條件下，管理者所具有的歷史數據及情境認知，使他們能夠對不同的決策方案分配概率。

正如任何決策都包括風險一樣，掌握的資訊越多，就越能夠評估風險，從而能做出更慎重嚴密的決策。盡管不能消除所有與承擔風險有關的負面影響，但是至少能夠知道這些風險是什麼。

3. 不確定性

如果制定一項決策，不能肯定它的結果，以及不能對概率做出合理的估計，這種情況稱為不確定性。管理者都會面對在不確定性情況下的決策。在不確定性情況下，決策方案之選擇受到決策者所能獲得的有限資訊的影響。

一般來說，不確定性驅使人們更依賴於直覺、創造性、預感和本能的直感。實際上，無論決策的條件如何，每一個管理者都有他自己的決策風格。

(四) 決策風格

決策風格通常有四種，即：命令型、分析型、概念型和行為型風格。

1. 命令型風格

具有命令型風格的人往往具有較低的模糊承受力。他們在思考問題的方式上是理性的。他們講究效率和邏輯性。命令型的決策制定簡潔快速，關注短期的結果。他們在制定決策方面的效率和速度通常是由於只考慮少量的信息和評估少數的方案。

2. 分析型風格

具有分析型風格的決策者比具有命令型風格的人具有更大的模糊承受力，他們在制定決策之前試圖得到更多的決策信息和考察更多的選擇，分析型風格的決策者是以謹慎為特徵的，具有適應和符合某些特殊情況的能力。

3. 概念型風格

具有概念型風格的人趨向於具有廣泛的看法和願意考察更多的選擇。他們關注決策的長期結果，以及非常願意尋求解決問題的創造性方案。

4. 行為型風格

具有行為型風格的決策者，他們關注下級的成就和願意接受來自下級的建議。他們通常通過會議方式進行溝通。

從實用性的角度看，決策風格又可歸納為：

(1) 利用當時獲得的信息來自己解決問題或做出決策。

(2) 從團隊獲得任何必要的信息，然後自己決定解決方案。很明顯，決策中的團隊作用之一就是提供所需的特殊信息，而不是提出或評估備擇方案。

(3) 與團隊共同討論問題後由自己再做出決策。這一決策反映或不反映其下屬的意見。

(4) 與團隊在寬鬆和諧的氣氛中交換信息和思想，共同討論問題，一起分析問題並達成一個都滿意的方案，都憑著各自的知識水平而不是權威，為尋求解決問題的方法獻計決策。

(5) 把問題交由團隊處理，並提供任何相關的信息，賦予他們解決問題的職權。團隊的決策方法都得到了相應的支持。

四、駕駛台團隊組織的決策

駕駛台團隊決策的制定應：

1. 識別問題

   利用所有的資源；利用可用時間。

2. 建立處理問題的計劃

   利用所有的資源；利用可用時間；考慮優先權。

3. 通過相互交流方式和團隊成員核查計劃

   吸取建議；比較計劃；充分考慮每個條件；核查是否有遺漏的問題。

4. 對已達成一致共識的計劃進行摘要的通報

   切實理解；建立監控指導。

5. 監測已達共識的計劃執行情況

   對挑戰做出回應；修正監控體制。

因此，船長應該：

1. 評估信息的品質，確認其相關性和精度，搜集可能影響到決策的遺漏信息。

2. 讓駕駛台團隊成員參與決策，時間允許的話，應一同參與執行決策的過程。

3. 若時間允許，應對未被標準操作規程所包括的航行問題做出短期決策。

4. 條件一旦變化，則應隨之修改與更新計劃。

而包括引航員的駕駛台團隊成員應該：

5. 若時間允許，應積極地參與決策的制定。

6. 盡力積極地支持船長開展短期決策。

7. 需要時，實施短期決策。

引航人員應該：

1. 迎接挑戰。

2. 如時間許可，應確認或否認已接受的挑戰。如時間不許可，則謹慎做出回應。

3. 在自信和權威間尋求一種恰當的平衡。

駕駛台團隊成員應該：

1. 迎接挑戰。

2. 當操縱船舶時，確認並討論已形成的觀念。

3. 挑戰何時超越限制或與原有觀念比較存在疑問的情形。

4. 當環境威脅到船舶航行安全時控制船舶。

5. 在自信和權威間尋求一種恰當的平衡。

6. 如果船長的權威性低得威脅到船舶的航行安全，團隊成員應有信心確保完成重要任務並實施重要的決策。

7. 如果船長的權威性大得形成了過分的壓力和超負荷工作，團隊成員應避免彼此間的衝突，除非安全受到威脅。

第四節　影響執行管理職務之因素

　　船長不論是依船舶所有人的授權或法定之權力，其指揮船舶及管理船上一切事務自無庸置疑。船長基於船舶所有人之代理人，及國家賦予之公權力。且基於組織中的群體關係，在處理事務上，自有其角色拿捏與審度上的衝折點。船長以管理者的身份，主管船上一切事務，其自然具有經理人 (Manager) 的色彩。如何在組織中管理得當，在各個方面都能滿足期望者的要求，確實相當困難。在考量船長執行其管理上的職務，潛在的影響因素是多方面的，在管理上的輸出「效能」多寡，大致可由其個人因素，公司因素及船員與客觀環境來衡量。

一、個人涵養與管理風格

　　船長在船上的地位，由於科技的發展，及經濟活動的改變，自然地在權威價值上，日趨薄弱，然而既有船上組織，即有管理。有管理的存在，則涉及管理者的領導統御。領導統御的表現，則在於各人的涵養與管理風格。

1. 個人涵養：

個人的涵養，包含個人的人格特質及專業知識與技術以及處理危機的智慧。

(1) 在人格特質方面：其特徵可分為成就動機、權威傾向、權謀傾向、風險取向及問題解決方式。

(2) 在領導者特質方面：可區別於熱力程度、認知能力、任務知能、監督能力、自導性及自信心。

(3) 專業知識與技能：對於船舶安全操縱，運作與管理的專業知識與技能。

(4) 處理危機的智慧：泛指無論是事務性的衝突或是危機情況的處理。

2. 領導風格：

(1) 獨裁式 (Autocratic)：部屬的一舉一動均需遵從其命令。此類型皆以個人為其中心，其展現方式分別為專家型獨裁，恩情獨裁（大家長式）及無能獨裁三種。

(2) 放任式 (Laissez-faire)：一切決策及作業方法，由部屬自行決定，對於過程，不監督亦顯少過問。

(3) 參與式 (Participative)：能與部屬充分的溝通，接受各方的意見，以參與的方式，共同制定決策。

(4) 授權式 (Delegative)：將組織中，賦予的權力，由部屬分層執行，不指導，也不支援。

二、公司的管理制度與文化

船長為船舶所有人僱用，從事船舶管理的職務，與公司的關係上，既為受僱人，則自當依僱用人之意思而行為。海商法上雖然規定在船舶安全方面，船長有其專業裁量權，不受船舶所有人的意思限制。但在其他業務，尤其營運及管理方面，幾乎無法與公司的管理政策相違。因以，在一

規模較大，制度較健全的公司，船長在管理當能依照正常方式運作，而無執行上的困難。一個公司的企業文化，若是以追求績效及建立良好企業形象，則船長站在船舶管理者的立場，自然而然會朝此目標要求，從而借力使力，達到自我的提昇。

三、船員素質與客觀環境

船長執行管理作業時，直接有關者，即為船上組織中的成員。組織成員的素質良否，影響管理的成效，亦間接影響船長在管理作業中所採取的方式。管理上之成效，在於全員的參與目標的達成，在於每個船員，能接受並承擔所負的責任。設若船員素質低落，身為管理者，祇能徒嘆乏力，對於組織的使命完成與否，則難以確定。至於客觀的環境，如船員勞動市場的意願不高，船長本身在供需市場受重視的程度，及船員結構轉變等因素，船長在考量其管理決策與方式時，皆需將其納入。

第五節　因應未來海運發展趨勢

傳統上，船長 (Master) 一直都是海運業 (Shipping Industry) 的一個靈魂人物。尤其在船舶的航行或是運作上，船長一直扮演著一個重要角色。在這快速變動的時代，海運業的發展雖然不可謂為一日千里，但是相關的海事科技 (Nautical Technology) 與海運趨勢 (Shipping Trend) 卻不斷的在進步與改變。如：貨櫃船舶大型化 (Large-scale Vessel)、船舶自動化 (Ships

Automation)、海運資訊整合 (Nautical Information Integration)、權宜船籍 (Flag of Convenience)、港口國管制規定等，皆可能對於船長在未來面對船舶運作管理上帶來影響。

面對未來海運之發展，船長本身的觀念和管理方法都必需要順應未來的發展趨勢以符合未來在船舶航行作業管理上的需求。而如何運用有效率的科學方法，並搭配相對的管理模式來面對未來船舶航行中的相關管理事務也將成為重要的課題。由於船長從過去到現今在海運作業上都扮演著重要的地位，且未來海運發展也將改變傳統船長在管理上的思維與方法。

一、船長對於未來技術管理之因應

未來的海運界由於科技快速進步且成功地應用在海事相關技術上，使得在營運船舶以及相關的作業上更加簡便。在未來船舶自動化的發展趨勢下，船長已不再需要透過傳統的作業程序來操控一艘新式船舶。船長在船舶的技術管理上已不類似從前單一指揮者 (Commander) 的角色，在未來透過駕駛台資源管理系統 (Bridge Resource Management System) 的支援下，船長在技術管理的角色將轉變成為一個資源的管理者 (Resource Manager)。因為船舶自動化的操控，使得船舶自動操控系統 (Automation Control System) 能夠精確的輔助船長輕易地操縱船舶，並且減少過去人為操控可能造成的誤差所引起的航行安全損害。而船舶資源監控 (Ship Resource Monitoring) 的概念也藉由船舶通訊衛星化 (Satellite Communication) 趨勢的發展而得以實現。在過去航行中的船舶對外的通訊方式非常不便，但自從美國開始開

放商業衛星的使用後，首先是海事衛星 (Nautical Satellite) 應用於海事通訊與船舶衛星定位上。衛星通訊徹底拉近岸上與船上的距離；並使船公司便於及時追蹤 (Tracking) 與監測 (Monitoring) 船舶的動態。而船長也因為通訊的便利能夠及時獲得世界最新的海事相關訊息，並予以因應。但在船舶動態能被及時監測的同時，船長也必需在技術管理上隨時扮演好一位船上資源管理者的角色，透過現代化的船舶資源管理系統將船舶性能充份利用；以期能夠將船舶運作以最好的一面呈現於岸上隨時監控的船公司。其實科技進步使船長在技術管理層面能夠更輕鬆地操控一艘船舶，但對於相關科技過度依靠及信賴，更會造成船長在船舶操控上對於意外的防制失去原來的警戒 (Vigilance)，進而造成船舶航行上的危險。所以，船長在技術管理上對於相關科技應該抱持著一個相對信賴以及適度依靠的態度。並且多加充實相關科技知識及獲取新知，以期能在船舶的技術管理上充份發揮。

二、船長對於未來人員管理之因應

在過去商船上傳統 (Traditional) 的編組是在船長之下分別設立駕駛、輪機、電訊、事務四個部門。但同樣是拜科技進步之賜，目前現代化的全自動船舶多採通用制度 (General Purpose System) 來進行人員編制。一般來說現今全新自動化船舶之人員通用配制大多將船上傳統編組的電訊部門刪除，保留其他三個部門；並且將船上所有人員縮編至十五人以內。甚至在更長遠的未來，通用制的編組將達到船長以下的甲級船員都能航輪兩用的情況，屆時船上人員作業已無部門之分。

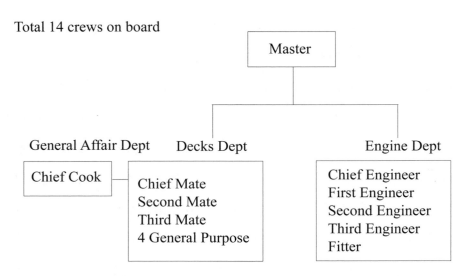

Total 14 crews on board

| Master |

General Affair Dept　　Decks Dept　　　　　　Engine Dept

| Chief Cook |

Chief Mate
Second Mate
Third Mate
4 General Purpose

Chief Engineer
First Engineer
Second Engineer
Third Engineer
Fitter

圖 4-1　我國某國際貨櫃航商旗下 U-Type 船舶人員配置組織圖

　　原本商船上的組織便沒有一定的標準模式，但隨著科技進步使得船上人員精簡化將成為海運業未來發展的趨勢。而在這種因科技進步而造成組織扁平化的情況下，將使得船長的威權領導模式不如從前。過去船上的組織層級較為繁複，使得船長較能感到充份的權威感。而現今則是因為船上人員數量大為減少，組織層級大為縮減的情形下，進而拉近了船長與船員間的距離。這樣也使得船長必須去增進其溝通協調的能力，因為他所直接面對的將不再只是以甲級船員為主，他還必須調適自己本身的心態，去與船上所有的人員進行良好的互動 (Interaction)。

　　此外，船東會因人事成本與稅賦的考量，以及本國海運人才嚴重不足的情況下，將其所擁有的船舶以權宜國籍的方式入籍於一些較落後的第三

世界國家。在此情況下，未來本國籍之商船將可不受限制的大量僱用薪資成本低廉的外籍船員。如此一來，勢必將造成船長處於一個多元文化環境 (Multi-Cultural Environments) 中進行人員的管理。因語言不同所造成的誤解，時常發生於一個多元文化的工作環境。光是在語言不同的這一點上就包含了使用之文字、文句結構、文法、用字觀念的差異。除此之外再加上由泛社會層面、社會層面、精神層面三個構面所構成的文化結構。更加深了多元文化環境的複雜程度。

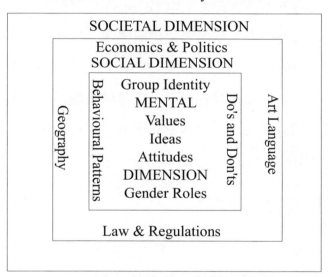

*The culture is consisted by 3 dimensions

SOCIETAL DIMENSION
Economics & Politics
SOCIAL DIMENSION
Group Identity
MENTAL
Values
Ideas
Attitudes
DIMENSION
Gender Roles
Behavioural Patterns
Do's and Don'ts
Geography
Art Language
Law & Regulations

圖 4-2　文化組成之社會相關構面

資料來源：Commercial management for shipmasters

　　未來在如此複雜的多元文化工作環境中面對人員管理之課題時，船長基本上對於船上人員的管理應能給予：清楚的目的 (Clarity of purpose)、實際工作訓練 (Effective working practices)、監督控制 (Control)、領導權力與激勵 (Leadership and motivation)。而除了基本上在船上人員管理所應把握的原則之外，船長更需加強本身語言方面的能力，以打破肇因於語言溝通上意思表達不清所造成的問題。並且更進一步去瞭解，源自不同文化背景下的組織結構、管理形式、宗教、觀念、生活與工作習慣對於船上人員的管理上所造成的影響。並期望未來船長在船上人員的管理應能確實做到團隊之評估，降低本身之個人主義 (Egoism)、消彌船上人員因文化不同而造成的隔閡、重視船上人員作業之相關建議，進而發揮團隊合作 (Team Cooperation) 的精神，使船上人員之作業效率能充份利用。對於船東的船隻則必須做到安全，效率和經濟的操作。在海洋環境保護上，則需保持海洋環境之安全和清潔，並避免因對其船舶不當的操作，而使第三者之財產，生計與生命造成損害。

三、船長未來之自我管理

　　傳統上船長管理功能的集合中，較少包含關於船長本身情緒 (Emotion) 及自身行為 (Behavior) 的管理。鑑於未來船長在船上的管理上將會面對一個複雜的情境，又由於情緒會影響個人在思考 (Thinking) 與決斷 (Determination) 上的結果，因此船長對於本身之自我管理的要求更加重要。

　　一個人在其自我精神層次或是行為模式 (Behavior Pattern) 上，都需要

著手自行去掌握與控制。特別是像船長一樣，身為一位船上的管理者，更需要對於本身的情緒與行為加以自我管理。由於船長本身之行為與情緒不當的表現，將可能在船舶航行時對於船上之相關運作有不當的影響。因此船長在自我管理上必須要有所注意。

過去船長在船上具有絕對的地位與權利。而在這種傳統集權 (Centralization of power) 形態，以及相關法律賦予船長的權力與圍繞在船長之外部環境的影響下，容易造成船長在態度上產生傲慢 (Arrogancy)，並造成處理事情觀點上形成偏見 (Prejudice)。但船長在掌握如此充分權力的同時，更要去思考本身所擔負的責任與義務。在面臨問題必須以冷靜 (Calm) 、謹慎 (Caution) 的思考去面對。於決策上，船長則可實行以下七個步驟，亦即：確認問題 (Identify the problem)、定義問題 (Define the problem)、載明變動情況 (Specify the parameters)、決定正確方向(Decide the right course)、調適決定 (Adapt the decision)、實際實行 (Implement the decision)、檢查執行程序是否優良 (Check the course made good)。而船長在進行決策制定時，最好能多方採納相關人員之意見，並在最後決斷時完成一切結果的預測與因應準備，而船長應極力避免反覆更改決策的行為。因為寧可決策前充份的準備與估算，也不要在決策後因發現錯誤而反覆更改決定。

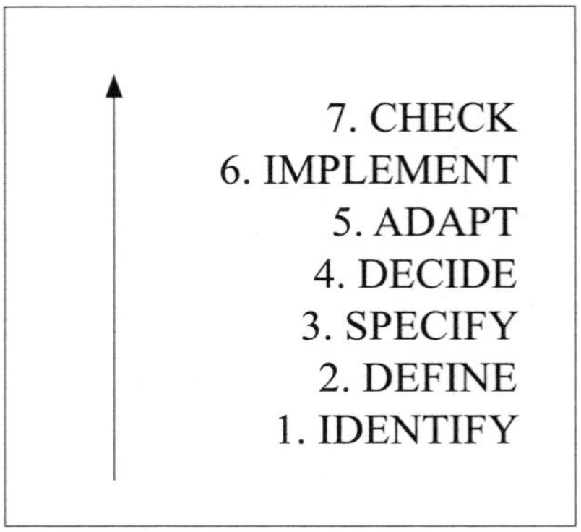

```
                    7. CHECK
                 6. IMPLEMENT
                    5. ADAPT
                    4. DECIDE
                   3. SPECIFY
                   2. DEFINE
                   1. IDENTIFY
```

Careful steps: logical decisions

圖 4-3　普遍用於效率決斷的七個步驟

資料來源：Commercial management for shipmasters

　　由於船長之自我管理可以說是船長管理功能的集合中，最基本的集合要素。而要管理好一個組織之運作，管理者勢必要先做好自我本身之管理。因此船長在基本上必需要做好自我之管理，這樣方能與其他管理功能相互配合，進而對於船上整體之管理上有所助益。

　　船長在船上扮演角色的型態轉變，當然影響他在管理上的決策與行為模式。由於工業化的進步，船舶設備及各項資訊的發達，船長在船上的工作內容亦相對變動。在日益複雜的環境當中，船長必須加強自己本身的情境認知度 (Situational Awareness)；強化自我管理；並以科技發展帶來的便利來因應部份複雜的管理環境；用新觀念來謹慎思考並進行決斷；於實際作業徹底落實安全的規範，並與公司的文化進行相互配合；以公平的標準及平等的態度要求與對待船上之船員；且在未來的管理與領導上不斷的學習

知識，來取代停滯自滿，如此將更能順利成為一位具有因應未來變化能力的船長。

此外，由於船舶的營運者與船長的文化背景不同，也可能出現文化意識之問題，其主要包括：對指示和說明產生誤解、未接收信息和資料、缺乏忠實和尊重、缺乏團隊意識等。因此，針對這一問題，船長應採取適當的策略，亦即應反複檢視並確認由船舶的營運者發送來的信息，並正確理解其內容以達成營運目標。

船長、引水人或駕駛台團隊成員應該認識到個人所具備之文化的背景，瞭解期間之異同，並掌握處理不同文化的方法，瞭解各個文化的價值所在，以增加領導統御之完整性。

第五章
航行計劃

　　船舶為達成安全航行之目的,所經歷之航程 (Voyage) 不論是較長航程 (Long Voyage) 或較短航程 (Short Voyage) 都應做好航行計劃 (Passage Plan)。制訂航行計劃必須考慮周詳,執行時亦必須隨時按當時狀況予以檢視與調整,採取適當之因應措施。

　　航行計劃主要分為:準備階段與執行階段。

　　準備階段包括:評估與計劃兩大步驟。

　　執行階段包括:組織與監控兩大步驟。

　　準備階段:首先找出航程中,可能遭遇的危險狀況,再對這些危險狀況做評估,能避開則儘量遠離。若無法遠離,則應在接近危險區域時,特別在相關海圖上標記註明保持安全距離通過,或找出一個折衷方案來處理。在做評估時,儘量收集可能需要的相關資訊,做為參考依據。同時,盡可能不要在未做充分準備前,急於開始制訂計劃。

　　評估完成之後,即開始制做航行計劃,完成後仍須經過仔細檢視與討論,並經由船長之認可。

　　執行階段:航行計劃在經過評估、制定、討論與核准之後,即應開始

執行，在執行過程中，仍應善於運用各種可以利用之資源來監控船舶依計畫航行，並使執行過程安全順利，直至航程結束。

第一節　航行計劃之評估

一、參考資料

航行計劃之初步準備即為評估，航海人員可以利用下列資料，做為參考之用：

1. 海圖目錄

主要參考目錄為由英國水道測量局每年出版的 NP131 和由美國國防部製圖局每年出版的 CATP2V01U，以及各個國家出版較小規模之海圖目錄。

2. 海圖

許多商船都使用由英國水道測量局出版的英國海圖，但也有一些區域需要航海者使用當地出版的海圖。英國版海圖包括全部英國本土和多數英聯邦及一些中東水域各種比例尺的海圖，其他水域則出版橫跨大洋和沿岸航行可抵達港口的海圖。在英版海圖沒有詳細地覆蓋多數沿岸航行時，航海者應多加利用相關國家水道測量部門出版的當地海圖。

美國和加拿大規定所有進入該國水域的船舶，必須配備和使用該國出版之海圖。也就是說船舶配備之海圖必須經過檢查，並達到其要求和規

則。航海人員應確保海圖已完成改正。

使用海圖時應注意國際標準海圖符號和縮寫之意義,同時要注意所採用的海圖深度基準面。

3. 世界大洋航路

英國水道測量局出版的,書號為 NP136,內容包括大洋航線設計、海洋學和海流等資料。

4. 航路設計圖和引航圖

航路設計圖是由英國水道測量局所出版的,書號為 Nos.5124－5128,與美國國防部製圖局出版的 NVPUB105-109, PILOT16, PILOT55 引航圖類似。這兩種系列的圖都為每月一張,內容包括大洋航線、海流、風、冰區界限和各種氣象資料。

5. 航行指南和引航書籍

英國水道測量局出版的航行指南共 73 卷,覆蓋全世界範圍。美國國防部製圖局也出版相關引航書籍,系列號為 SDPUBl21-200。另外計畫指南 (Planning Guide) 可用來做為航行指導之參考,其內容與英版的世界大洋航路及航行指南的資料大略相似。

6. 燈塔和霧號表

英國水道測量局出版的,共 11 卷,書號為 NP74－84,覆蓋全世界範圍。

由美國海岸警衛隊出版的7卷燈塔表 (COMDTM165021－7) 列出美國沿岸包括五大湖水域的燈塔細節。國防部製圖局出版的 LLPUBll0-6 覆蓋了世

界其他水域。另外，其他各國出版之燈塔表也可參考。

7. 潮汐表

由英國水這測量局每年出版，共 3 卷，包括全世界範圍。利用英版的 (SHM－159A) 電腦軟體即可容易算出潮時和潮高。另外，其他各國例如中華民國、中國大陸及日本等出版之潮汐表也可參考。

美國國家海洋服務公司 (NOSPBTT) 也出版世界範圍的潮汐表。

8. 潮流圖集

由英國水道測量局出版之潮流圖集，包括歐洲西北部與香港。美國國家海洋服務公司出版的潮流表，包括了北美大西洋沿岸、北美太平洋沿岸和亞洲。另外，美國國家海洋服務公司也出版了美國四大港口的潮流圖。

9. 航船佈告

每周出版之航船佈告由英國和美國水道測量部門出版，以使船舶保持海圖和其他出版物內容資料為最新。

10. 船舶定線

IMO 出版，包括了所有航線、分道通航制、深水航路和 IMO 所採納的避航區等資料。航路相關資料也都有在海圖上和航行指南中註明。

11. 無線電信號資料

英版無線電信號表共 6 卷，書號為 NP281~286。

Vol 1 (1，2)：海岸無線電台。

Vol 2：無線電助航標誌、衛星導航系統、法定時間、無線電報時信號和電子定位系統。

Vol 3 (1，2)：海事安全服務和航海警告。

Vol 4：氣象觀測站。

Vol 5：全球海上遇險與安全系統。

Vol 6 (1-5)：引航服務、船舶交通服務和港口業務。

美國國防部製圖局出版的 RAPUB117 也出版了類似的資料。

12. 氣候資料

氣候資料可從相關的引航書籍、引航圖和世界大洋航路等資料中獲得。英版航海員氣象書籍有更為詳盡的資料介紹。實際的氣候資料仍需要最新之氣象資訊予以修正。

13. 載重線圖

載重線規則是強制的，載重線區域在世界大洋航路或英版 D6083 海圖中均有列出。

14. 距離表

在英版 NP350、美國國防部製圖局出版的 NVPUB151 和 NOSSPBPORTSDIST 中都列出了各港口與重要地點間遠洋和沿岸的距離表。

15. 電子導航系統手冊

為各類船舶所需要相關系統的必備資料，為預防主要電子資訊喪失時，電子導航系統仍可繼續正常運作。

16. 無線電和區域性警告

有關導助航標誌等變化的最新資料，可從無線電 (包括NAVTEX) 和

區域性警告中獲得，這些資料經常是被用來做航線評估和航行計劃參考之用。區域性警告通常由當地港口當局發布。世界範圍內的航行服務資料和發射台站可參閱英版無線電信號表第 3 卷。

17. 船舶吃水

應預估本船到達目的港之吃水狀況，以及航行於不同階段時的船舶吃水和俯仰差，其目的是計算航行於淺水區之船舶龍骨下水深。同時，也應清楚船舶水線上的船舶最大淨空高度 (Air Draft)，以便於安全通過大橋之下方。

18. 航海術語

所有航行當值與其他與安全航行相關人員包括岸上人員，均應清楚瞭解航海用術語。ISO 19108 對於備有航海術語專書者，亦有要求應清楚瞭解其意義。

19. 船東和其他資抖

對於來自船東或租船人的補充資料應予參考。當可行時，例如其他船的相關報告、代理行資訊和港口當局之手冊、規定等資料亦可收集參考。

20. 個人經驗

駛往預定港口和區域的船長或船員個人經驗是至關重要的，尤其是當地天氣變化劇烈、流水較強、漁船較多或岸形不明顯等狀況，能夠事先瞭解以為因應。

21. 海員實用手冊

由英國水道測量局出版，包括了對航海員有益的重要資料，可以隨時

拿出來參考。

22. 港口指南

由英國 Lloyd's of London Press and Portguides 出版，對於世界各港口之位置、港口相關規定、水深、港口設施等均有介紹，非常有用。

23. 航海曆及航海計算表冊

航海曆可以查出日出、日落及天文相關資訊，再運用計算表冊，做天文定位運算之用，以防電子航海系統損壞或失效時，仍可有天文定位可供參考。

二、航行計劃評估之注意事項

航行計劃在評估時，上述之各項圖籍資料可供參考，同時，在大洋航行與近岸航行時，下列事項亦應列入考慮：

1. 大洋航行之評估

大洋航行首先考慮的是港口間的距離所需航行時間、燃油、滑油、淡水和船員伙食與其他物料配件，本船之穩定度狀況等情況是否足夠等。

通常大圈航線是最短航程航線，但其他因素也應予考慮。尤其是氣象條件應優先需要考慮，實際上利用某種氣象導航服務，例如 OCEAN ROUTE 是普遍被採用的導航服務。有時候，盡管氣象導航服務所推薦航線距離可能較長，但往往因為航程中氣象與海象情況較佳，越洋航行時間較短、船舶遭受海損機會也比較小。

另外，航程中能夠有效地利用洋流，可為船舶提供全程更好的航速，

從而補償長航線航行的不足。

季節性之天氣系統狀況也需要考慮列入評估，例如，夏天航行於亞熱帶區域的船舶易於遭遇颱風，需要足夠的海域用以躲避颱風；高緯度的航線則需要考慮冰區狀況。

船舶雖然採用推薦航線，仍然必須遵守載重線規則。在某些特殊情況下，通常是政治因素，為安全起見船舶需要避開特定水域。近年來，航經海盜盛行區域，也應特別考慮並注意防範。

船東與租船人之特別要求也需列入考慮，例如租船合約中規定保持特定之龍骨下水深、避免經過某一特定區域或海峽、保持在某特定緯度以下航行等約定。

2. 沿岸航行之評估

在評估航線階段，沿岸航行主要考慮的是保持與海岸線和危險物的一定距離的航線。當船舶航經 IMO 採納的分道通航制和定線制的水域時，必須遵守規定的航線航行。

在某些沿岸水域相關政府，對於特殊船舶的最小離岸距離有所規定。有些航運公司與租船人也規定了近岸航行時距岸的最小距離。在航經群島水域時，必須確定那些海峽和水道可以使用，或者是否有強制引航要求。有時候，繞群島水域外圍航行，可能是較好的選擇。

通常船長在充分考慮了以上相關資料，並徵求了駕駛員的意見，同時清楚確認為該航次為短途沿岸航線或是遠洋長航線後，就可以對航線做出總體的評估。

　　船長要決定航行計劃之要點，並責成一名駕駛員設計航線，通常是由二副來完成；有些船舶則必須由船長自己設計航線。然而，不管由誰來設計，都必須由船長對航線負責。

　　航行計劃之內容即使在某一航段航程由引水人引航，仍需要將航行計劃完成為泊位到泊位之設計，並應包括所有的突發或緊急事件的相應策略。

第二節　航行計劃之制定

　　航行計劃在制定時，應分成(一)大洋和開闊水域(二)沿岸和河口水域兩段考慮。而且在制定計劃時，上列兩種情形大多會有相互重疊的區域。

一、制定航行計劃考慮事項

　　在制定航行計劃時，下列各事項，應列入考慮：

1. 海圖 (Charts)

　　應將計劃航程的所有大小比例尺海圖收集在一起，並按正確的順序放好。沿岸航線部分用的大比例尺海圖，雖然實際上不是必須使用許多大比例尺海圖，但這些海圖包括了航線中所用到的資料。使用前應確定所有的海圖和出版物都已根據最近接收到的航船佈告進行了改正。同時，在航行計劃完成後的航行過程中，也應持續進行類似的改正，以確保計劃的完善。

2. 禁航區 (No Go Area)

應檢查沿岸和河口附近的海圖,所有船舶不能進入的區域應用特別標註或斜線標示,這些區域應視為禁航區。但應注意不要擦掉諸如航行標誌或顯著物標的資料。在潮差不是特別大的水域,禁航區應包括海圖水深小於船舶吃水的較淺水域。

在潮差有較大影響的擁擠水域,禁航區則應根據航經淺水區域或危險物之時間與當時之潮汐狀況而變化。

3. 安全界限 (Margins of Safety)

在海圖上標繪航線前,需考慮禁航區外緣的安全距離。即在海圖上禁航區外側以直線標繪成一個安全界限,此安全界限與禁航區周圍仍有一個距離,在安全界限內航行,即使在最不利的情況之下,船舶都不會進入禁航區。在決定這個「安全界限」的大小時,應考慮下列因素:

(1) 船舶的尺度。

(2) 所使用導航系統精確度。

(3) 潮流。

(4) 船舶的操縱特性。

為確認並保持在安全界限內,應使用例如利用觀測顯著物標的避險方位線或平行指標法等導航方法。

安全界限應顯示船舶可能偏航距離的大小,但仍處於安全水域。按一般的規則,安全界限要確保船舶處在大於船舶吃水的 20% 的水深水域中。應強調的是:這只是一般規則,若航行環境有需要,遇有下列情況,也可

以使船舶吃水 20% 的餘裕水深相對地增加：

(1) 測深數據久遠或不可靠。

(2) 船舶處於縱傾或橫搖狀態。

(3) 船舶可能處於艉坐的情形。

(4) 波浪因素

4. 安全水域 (Safe Water)

它是指船舶可以安全航行的水域，該安全水域界限就是上述提及的安全界限的邊界。

5. 大洋及開闊水域之航線 (Ocean and Open Water Tracks)

首先根據評估航線階段所做出的決策，在小比例尺海圖上繪出大洋和開闊水域的航線。大圈航線或混合航線必須根據 SATNAV 計算或從大圈海圖上獲得；恒向線航線可直接畫在麥氏海圖上，但所有航線都必須符合評估時所確定的原則。

6. 沿岸及河口水域之航線 (Coastal and Estuarial Tracks)

沿岸和河口水域的航線規劃也應根據評估時所確定的原則。首先將計畫航線畫在包括大部分海岸線的小比例尺海圖上，最好包括從出發港至目的港。這點乃取決於港口間距離和海圖的情況，大部分情況下，須使用多張海圖。初始航線是航行計劃的基礎，可以獲得航程距離和航行時間。一旦離港時間確定，就可確定航線上的各個轉向點和到達目的港的 ETA。

航線規畫完成後，應將這些航線轉移到較大比例尺海圖上。繪製航線自本海圖轉移到另一張海圖上時應格外小心。為確保準確無誤，應選取兩

張海圖上都共有的而且容易識別物標為基準，例如自兩張海圖中的同一個燈標處繪其距離和方位，作為轉移位置點，並利用兩張海圖上的轉移點的經緯度進一步確認其準確性。

7. 更換海圖 (Chart Change)

需要更換海圖時，應當明確地在海圖上某一位置用箭頭標出，例如 (See Chart 343)，即為應轉至下一張海圖的海圖號。

8.航線的考慮因素 (Track Consideration)

通常不應該為了減少航行距離和航行時間，而過於接近危險物或禁航區。不過，當需要接近危險物時，應遵守常規的最低要求，即船舶應保持在安全水域處，並與危險物有足夠的距離，以盡量減少一旦機器故障或操縱失誤而發生擱淺等危險的可能性。

9. 危險物之距離 (Distance off Danger)

航經危險物時應保持之距離，目前並沒有一個明確的規定。但在決定與危險物的距離時，一般要考慮：

(1) 船舶吃水與周圍水深的關係。

(2) 當時的天氣條件，例如強烈的吹攏風或可能突降的霧或雨，將會需要增加與危險物的距離。

(3) 潮流或海流的方向和速度。

(4) 交通流量。

(5) 海圖上的資料測量時間和可信賴程度。

(6) 可使用的安全水域。

在決定航線與危險物的距離時，應做下列考慮：

當海岸陡峭且水深增加很快時，航經危險物時的最小距離為 1.5－2 海浬。

當海岸有一定的坡度且水深逐漸增加時，航線應保證有足夠的龍骨下餘裕水深，並依下列原則作為參考：

吃水少於 3 米的船舶，應在 5 米等深線外通過；吃水 3～6 米的船舶，應在 10 米等深線外通過；吃水 6～10 米的船舶，應在20米等深線外通過；所有的船舶均應在 2 倍吃水的等深線外通過；大於 10 米吃水的船舶需確保適當的龍骨下餘裕水深，在 200 米等深線以內航行時，即應注意水深的變化情形。盡管保留了龍骨下的安全餘裕水深，並將最近的航行危險物置於右舷通過的船舶，仍應注意留出操縱空間以便向右轉向來避讓他船。

10. 相關規定與規則 (Relevant Regulations)

制訂航行計劃時，也應遵守船東、租船人和國內規則中有關離岸距離的規定。

11. 偏航 (Deviation from Track)

理想的情況是船舶沿計劃航線航行，但在某一情況下，如為避讓他船而必須轉向時就可能偏離航線，即使這樣，這種偏航應受到限制以保證船舶不會進入危險區域或靠近安全界限處。

12. 龍骨下餘裕水深 (Under-Keel Clearance)

在某種情況下，船舶因航程需要必須航行於較淺水域，亦即減少了的龍骨下餘裕水深。此時應將已計劃好的龍骨下餘裕水深清晰地標示出。

另外,在龍骨下餘裕水深小於船舶最大吃水的 10%,或在最初評估階段認可的某百分比例以下時,當值船副不僅需要清楚當時之實際龍骨下餘裕水深,而且也應知道,必要時,可利用降低船速以減少船體下沉量。

13. 高潮可航區間 (Tidal Window)

在潮汐盛行區域,當潮汐達到某一潮高時,船舶才可以獲得足夠的龍骨下餘裕水深航行通過。除此之外,應視為不可進入該水域。此一得以安全通過之時段稱為高潮可航區間,必須清楚地標示,以便駕駛員知曉船舶是否可以安全航行通過該水域。

14. 潮流或海流修正量 (Stream Allowance)

在開闊水域,由於潮流或海流的影響使得船舶偏離了航線,因此經常需要加減 Leeway 來修正。然而,當計畫航線接近沿岸而且尚未接近危險時,最好事先對潮流或海流進行修正。

海流的流向、流速資料通常可從海圖上獲得。但更詳盡的資料在「世界大洋航路」、「航路設計圖」和「引水手冊」中查出。海流隨著地理位置和季節而變化,並受氣象條件變化的影響。

潮汐資料可從海圖、潮汐表和潮汐圖集中獲得。更詳盡的資料在引水手冊中查出。潮流隨著高潮的時間和月相(大小潮)的變化而變化,並受當地的氣象條件的影響。

當已確知通過某一區域的時間,就可以計算出潮高和潮流,為保持在計劃航線上而採取的航向的修正量應可事先算出。另外,由於潮流隨地點和時間而變化,因此應經常進行修正量的調整,當值船副必須仔細監測船

位，適時地調整航向以保持航行在計劃航線上。

15. 轉向點和用舵點 (Course Alterations and Wheel Over Point)

(1) 轉向點

當在開闊海域和沿岸水域，使用大區域範圍的小比例尺海圖時，改變航向點通常和計劃航線標示的轉向點一致。而在擁擠水域使用大比例尺海圖航行時，為了保證轉向後航行在新的航線上，開始轉向的用舵點應在航路轉向點之前。

(2) 用舵點

引水人通常基於其本身的經驗來決定其用轉向時用舵點位置。然而，當值船副在做轉向操作時，則需根據計劃的用舵點位置，因為該點乃根據船舶的操縱數據決定，並在海圖上予以標繪。當值船副應利用相應的視覺和雷達物標來決定到達用舵點位置。最佳的大幅度轉向方法包括平行指標法或平行方位法，但小角度轉向時，則採用近距離目標正橫方位法轉向較佳。

即使引水人在操縱船舶，其用舵點位置也應標註在海圖上，以使當值船副了解其迫切性和重要性，這也是當值船副監督引水人的工作內容。

16. 平行指標法 (Parallel Indexing)

平行指標法是用在能見度不良或能見度良好情況下的一種有效的監控船舶偏移的方法。利用觀測一個雷達上顯著助航物標的回波運動軌跡，在雷達銀幕上事先畫出航跡線，或通過使用 ARPA 平行線，是連續監控船位

偏移的簡單而有效的方法。這種方法在雷達採用真北向上、相對運動方式以及本船在雷達中心位置時最有效。平行指標法最好在平時能見度良好的情況下，多做練習以便在能見度差的時候，使用起來比較有信心。

根據一個雷達固定物標如燈塔或陡岬等，很明確地標繪出本船航線相平行的軌跡線，即在雷達銀幕中心，畫一條與船舶軌跡平行而方向相反的線。任何因潮流或其他原因引起的航跡偏移都能從平行線外的物標偏移情況發現。

平行標繪也可用來監控轉舵位置等。在這種情況下，將抵達用舵點時轉向物標的距離和方位標繪在平行方位線上，以便隨時掌握接近用舵點的距離。

17. ARPA描繪圖 (ARPA Mapping)

許多現代的 ARPA 都能夠把儲存在檢索系統中，利用手工繪製的圖形提取出來反覆使用。在某些情況下，這些圖形可通過電子導航系統來建立，但這些系統應是用作輔助的，並不是取代其他系統。

18. 航行參考點 (Way points)

航行參考點應標示在海圖上，是計劃要改變航行狀態的位置。通常是表示航向的改變，但也可能是下列情況：

(1) 海上航行的開始或結束。

(2) 改變航速。

(3) 引水人登船點。

(4) 錨泊人員備便位置等。

航行參考點也可成為確定船舶海上航行時間，或是否維持船期準確的有用參考點。尤其是在電子導航系統中，當使用存儲了參考點資料的電子助航儀器時，設計的參考點應注意在航行計劃的全過程中保證其統一性。

19. 中斷及應急策略 (Aborts and Contingencies)

無論航線設計得多麼好和執行得多麼嚴格，但由於環境的變化，原來設計的航線就可能必須放棄。

(1) 中斷

當接近受限制水域時，船舶通過某點之後就必須繼續航行。例如當船舶進入狹窄水道沒有了迴旋餘地，或由於落潮和不足的龍骨下餘裕水深而無法返回時的位置點稱為折返臨界點 (Point of No Return)。

無論何種原因，計劃必須考慮到無法折回或造成船舶受到束縛的事實。這一中斷點需要標繪在海圖上，以表明在此點之前可以中斷航行以使船舶不受束縛。中斷點位置乃隨當時的環境如可用水域、船速、旋迴圈、流向等變化而變化，但必須清晰地標繪出，以作為後續計劃航線進入安全水域之參考。

停止航行及決定中斷的理由不僅隨環境變化而變化，而且應包括：

① 偏離接近航線。

② 主機失靈或故障。

③ 儀器失靈或故障。

④ 無拖輪可用或無泊位。

⑤ 沿岸或港口有危險情況。

⑥ 突然間天氣變化，例如起霧或下暴雨使能見度變差，或風力突然增強有航行危險。

⑦ 任何情況可能導致航行不安全的情形。

(2) 應急策略

船舶航經中斷點和折返臨界點後，駕駛台團隊們必須瞭解緊急事件仍有發生之可能，萬一發生時，船舶必須立即採取應急行動。在計劃階段就應做出應急計劃並清晰地標示在海圖上，以使當值船副不必再花時間去尋找或計劃安全行動，而直接採取行動化解危機。

應急策略應包括：

① 替代航線。

② 安全錨地。

③ 等待區域。

④ 應急泊位。

應注意應急行動將可能使船舶進入吃水受限制水域，而在該水域航行船速可能必須降低，或由於潮汐的限制，船舶僅可在高潮可航區間進入該水域。這些限制必須清晰地標繪出來。

標繪了禁區、安全界限和計劃航線後，就應集中精力於確保船舶沿計劃航線航行，任何事情發生均有應急準備或可以隨時修正。

20. 定位方式 (Position Fixing)

目前，各種定位方法均可使用，但必須注意任何某一種定位方法，均

可能不適用於所有環境。

21. 主要與次要定位方法 (Primary and Secondary Position Fixing)

　　航行計劃應包括能夠使定位進行順利，根據用來定位的資料，其定位方法有：一種應認為是主要的定位方法，另一種認為是備用的或次要的定位方法。例如，船舶在遠離陸地的水域航行時，GPS 是主要的定位系統，Loran C 是次要的或輔助的定位系統。當船舶接近沿岸航行時，GPS 仍是主要的定位方法，Loran C 變得不那麼重要了，反而雷達定位成為次要的定位方法，多被用於校對 GPS 定位的準確性。

　　盡管 Loran C 一直在使用，最終將被淘汰。所以，船舶會更加依賴僅次於 GPS 定位的雷達定位。另外，當船舶航行於受遮蔽閉水域，GPS 船位變得不精確的情況之下，這時，船舶定位將依靠雷達和目測方位等定位方法。定位方法必須具有多樣化，通常僅僅依賴於一種固定的定位系統是不太可能的，而且，這要取決於設備的可靠性及各種情況下的環境因素。最重要的是有關人員必須確定某種定位系統是處於正常操作狀態，並盡可能監測其準確性。

22. 雷達顯著目標與視覺助航目標 (Radar Conspicuous Objects and Visual Navaids)

　　為減少在沿岸水域航行時的工作壓力，當值船副應確定並計劃好主要、次要的定位方法。此外，為進一步減少工作壓力，當值船副在設計階段就應研究海圖，確定在各個階段將使用的雷達顯著物標和視覺助航物標牢記於心。如此將不至於在當值交接班時，造成困擾，甚至要請船長上駕

駛台。

23. 初見燈標 (Landfall Lights)

當船結束大洋航行在接近陸地時，應事先根據燈光之最大能見距，將可能發現的初見燈標就標示在海圖上，以便當值船副能夠集中精力尋找預期出現的初見燈標，而不是在接近陸岸時，才在海圖上研究哪一個燈光會先被發現。遠距離觀測燈光時，可採用「上下觀測燈光法」(Dipping Light)來得到概略船位，往往在雷達觀測到陸岸之前，就可得到參考船位。

這一方法同樣適用於沿岸航行、狹窄水道或擁擠水域航行。海圖上顯示的燈標看上去相似，因此需要研究其各自的特徵。這一工作應在航行計劃階段完成，而不是在航經這些燈標的時候，再去辨識其燈性，因為當值船副會忙於定位、瞭望與避讓他船。

24. 雷達物標 (Radar Targets)

在航行計劃階段即應確定利用那個物標作為雷達物標，顯然，陡峭的小島比適沽礁更為明顯可靠。

特別標註出海圖上顯著的雷達回應標杆和其他可用於定位的顯著物標。同時，對於顯著且可善加利用的視覺助航物標也應予以特別標註，但應注意分辨浮動的和固定的物標、強光的和弱光的燈標；切記儘量不要利用浮動物標來定位。

25. 浮標 (Buoyage)

無論何時浮標或浮動助航標誌用於定位，都必須先檢查其位置，並確認在海圖上確有該浮標。若必須使用浮標用於定位，其浮標的位置必須在

航線設計階段，即利用已知固定物標的距離和方位來確定其位置，或與當地之 VTS 確認其位置。

26. 定位之頻率 (Fix Frequency)

使用任何定位方法，都還需要確定定位的時間間隔。很顯然，這要依賴於當時的環境；如船舶距危險物近，則需要比航行在開闊水域的定位時間間隔短。

應注意船舶的定位時間間隔，應不至於使其在兩個船位點之間，通過危險物。通常不應超過 3 分鐘的時間間隔在海圖上定位。假若定位時間間隔可能超過3分鐘時，則可考慮使用平行指標法予以輔助判定船位有否偏移。

27. 定位之規律性 (Fix Regularity)

確定了定位頻率後，實際上即應以這一頻率進行有規律定位，而不是在當值船副認為合適的時候定位。如果為避讓船舶或接近轉向點時所做的航向改變，在這種例外情況，船舶必須盡可能地在轉向前、回復原航向及轉向完成時立即定位。

28. 附加資料 (Additional Information)

盡管下列對船舶安全不會有重大影響，但是將附加資料註明在計劃中，目的是提醒當值船副注意其職責，以使當值船副預作準備並順利地完成整個航程，這種資料包括：

(1) 報告點 (Reporting Points)

向相關管制站台報告之位置點，通常會提昇船舶的航行安全。這種

報告也可能是強制的。當資淺的船副做類似報告時，可以先將使用之 VHF 頻道及準備報告內容寫在海圖上或小冊子上備用。

(2) 錨泊監測 (Anchor Clearance)

標示出預備下錨的位置，以及通知下錨有關人員到船首準備之位置。

(3) 引水人登船處 (Pilot Boarding Area)

及時準備引水梯並提醒有關人員按照要求做好相應工作。

(4) 雇用拖輪 (Tug Engagement)

提醒當值船副及時指派船員繫帶拖輪。

(5) 交通區域 (Traffic Areas)

交通擁擠或偶爾出現交通擁擠之區域，例如可能遇到渡輪、漁船。

29. 岸標之利用

船舶安全航行不但需要有規律的訂定船位於海圖上，同時需要當值船副持續注意船位是否保持在預定航線上，並適時予以修正航向。雖然規律的定位可以得到船位是否偏移之訊息，另外也有觀測明顯岸標的方法，同樣可以得到船舶是否偏離航線之訊息，相關方法可以先計劃好並標註在海圖上。

(1) 疊標 (Transits or Ranges)

疊標即海圖上可供觀測者看到連成一線的兩相似物標。盡管疊標是單一的位置線，當值船副不必使用儀器就可以用目視觀測到，而能提供一個快速確定船位的方法。欲得到最大精確度則觀測者與前標

的距離應不大於 3 倍的兩疊標間距，然而，即使疊標間距比觀測者
與前標的距離大亦無妨。

疊標有時在近岸水域的海圖上會標註，最好在航行計劃階段就找出
天然而且清晰易於識別的疊標，並標繪在海圖上。疊標也可用作預
先採取的行動的指標如用舵點，或用作提醒某一事件即將發生的物
標。

(2) 羅經差 (Compass Error)

觀測疊標方位可用作測定電羅經和磁羅經誤差之用。

(3) 疊標導航線 (Leading Lines)

疊標導航線經常標示在海圖上。在這種情況，沿著海圖上的疊標線
航行就是確保船舶安全通過危險物的一條計劃航線。通過觀測導航
疊標成一直線，當值船副就可確認船舶在計劃航線上。

(4) 避險物標 (Clearing Marks)

避臉物標可用於保證船舶處在一個安全區域之內或沒有接近危險
物。

(5) 船首物標 (Head Mark)

船舶在狹窄水域航行，通常在沒有可用疊標的情況下，經常則需選
擇一個合適的船首物標來觀測導航。這一物標是指在海圖上很易識
別的物標，位於計劃航線的延伸線上。只要船首物標的方位經過誤
差修正，且可利用中心線的羅經複示器觀測，保持方位值恒定，則
船舶就在航線上。實際上，船舶不必直對著物標航行，僅保證航行

在計劃航線上即可，多數情況船舶需要注意風、潮汐和流水的影響。而且所測之方位為羅經方位，而非相對方位。

(6) 避險方位線 (Clearing Bearings)

如果無避險物標可利用，海圖上的可識別單獨物標可同樣地使用。將該物標與危險區域外緣連線，船舶在其連線外側航行，即可保障在安全一側航行。這些方位避險線應以不少於 (NOT LESS THAN：NLT) 和不大於 (NOT MORE THAN：NMT) 標示在海圖上。

觀測方位避險線和避險物標不能認為是確定的船位，它僅能協助當值船副保證船舶不進入危險區域而已。同樣地，初顯（隱）距離 (Dipping Distances) 方法也不能認為是精確定位方法，僅能助於當值船副知道是否在接近危險中。

30. 燈光之利用

海圖上所標註之燈塔及燈標等之能見距與顏色，常被使用於船位確認及避險之用。

(1) 燈光距離 (Range of Lights)

助航燈標之燈光其最大觀測距離，可依據觀測者的眼高和燈標的高度、燈光的強度、大氣透明度等三個因素而定。

(2) 地理能見距 (Geographic Range)

燈標的高度越高，照射的距離就越遠，同樣地，觀測者的眼高越高，就能看到更遠的燈標。這兩個因素組成了最大可見距離即為地理能見距離，這一距離可從燈塔表中獲得。在實際航海中，如觀測

的燈標光力弱，燈光照射距離就會減少，因此就不能在地理能見距離上看到該燈標的燈光。

(3) 照射光程 (Luminous Range)

即燈光能夠照射的最大距離，取決於燈光的強度和當時的大氣能見度，不必考慮測者的眼高或燈高。顯然，燈光強度越強，能照射的距離越遠。無論大氣處於什麼狀態，都能在相應的表中查出燈光照射距離。

(4) 公稱光程 (Nominal Range)

標註在海圖燈標處附近的數值通常是公稱光程，即是當氣象能見度為 10 海浬時的光力射程。公稱光程並不是固定不變的。如日本等一些國家，標註的是地理能見距離；又如巴西等一些國家，標註的是地理能見距和公稱光程射程較大者。當值船副有責任使自己清楚地知道海圖上標註的燈標射程是那個距離。

(5) 近陸首見燈標 (Landfall Lights)

在航行計劃階段，駕駛員有機會決定近陸首見燈標標的最大距離。將公稱光程和地理能見距比較，取二者的較小者作為該燈標能夠被看到的距離。假定的是當時的氣象能見度至少 10 海浬，只有在照射光程超過其地理能見距的燈標時，才能獲得相應的船位。任何情況下，最大可見光弧應標繪在接近陸地的海圖上，以使當值船副知道那個燈標可能被看到，或那個會先被看到。

(6) 最大光達距離 (Extreme Range)

接近陸岸時，根據燈標的高度、強度和周圍的能見度可預估看到燈標之時間。

有時，沿岸附近的高強度燈標在雷達能探測到前，就已經被發現。假如不能根據該燈標確定其精確位置，應在發現時觀測其羅經方位，並根據當時該燈標的最大光達距離進行標繪，以便讓當值船副瞭解附近之危險範圍。

在預期看到燈標而未看到時，當值船副應覺察到船舶可能不在預計的航線上、燈標不亮、被烏雲遮住、或船舶與燈標間之能見度較低，當值船副應自己來判斷其原因，實際情形可能不會完全與預期出現的一樣。

31. 回音測深儀 (Echo Sounder)

有些船舶在航程中，全程保持使用回音測深儀。如果不是全程一直使用回音測深儀，最好在接近陸地前啟動回音測深儀。因為假若具有最大射程之燈標不能用於定位，而且實際的測深值又在減少時，當值船副應提高警覺船舶可能在接近危險中。

32. 相關參考資料

製作航行計劃之相關參考資料，可以書寫在海圖上或小手冊上，但應注意下列事項：

(1) 海圖資料過於繁雜 (Chart Overcrowding)

用於監測航行的參考資料，經常書寫在使用的海圖上。但應注意如

果將許多的資料註明在海圖上，可能會造成過多的資料覆蓋在海圖上所使用的區域，甚至可能遮蓋了某些海圖重要細節。在某些情況下，僅在航線附近之陸地上書寫些必要的資料，並用一條連接線或參考符號以示提醒，以減少資料過於繁雜。

(2) 計劃書 (Planning Book)

航行計劃中相關之高低潮時間、日出日落時間、VHF 工作頻率等參考資料，最好寫在計劃書上，以留做紀錄。如是定期班輪，航海員最好把整個航行計劃寫進計劃書中，作為海圖的補充材料，也可存入電腦檔案，得以隨時存取及修改，以作為日後的參考之用。

(3) 操船記事簿 (Conning Notebook)

最好依據航線的長短和複雜程度，或將航行計劃根據某一部分，摘其重點寫在一個筆記本上，以使操船者在需要時，能隨時參考查閱而瞭解實際狀況，不必離開操縱位置到海圖上查看。

(4) 船長的評估 (Master's Appraisal)

航行計劃完成後，應呈送船長認可批准。並讓駕駛台團隊成員知道詳盡的計劃，並參與檢驗與提供意見。

(5) 航行計劃修改 (Plan Changes)

所有駕駛台團隊成員均應知道航行計劃在執行過程中，將可能因為各種狀況而有所修改。主張修改計劃的人其責任是確保這修改計劃得到船長的認可，並且讓其他駕駛台團隊成員知曉這一計劃改變的情況。

33. 自動辨識系統 (Automatic Identification System; AIS)

　　船舶為符合規定而裝置自動辨識系統，對於海上航行安全的確有很大助益，船舶可在遠距離之外就知道他船的重要資料，例如船名、噸位、長度、吃水、航向、航速、船舶型式、目的港等。尤其是在接近彎道水域航行，雷達因陸地影響無法掃瞄到彎道另一側之來船時，可以在自動辨識系統上知道他船之動態，及早採取必要之安全措施。然而，在做相關決策時，仍然必須注意自動辨識系統還是可能產生錯誤訊息，因為船舶基本資料是由各船手動輸入。

二、初步航行計劃範例

　　下述資料為船上實做之初步航行計劃，分別為近洋航行的新加坡至高雄、香港至蛇口、釜山至光洋可做為初步航行計劃的參考：

SINGAPORE (-08)   To   KAOHSIUNG (-08)

GPS Route no. 40

	Waypoint Position		Course	Track	Distance To Next Wypt	Distance Gone	Distance To Go	Projected Speed	Projected ETA
00 ep	01-17.00 N Paser panjang term.	103-46.00 E	300.0°	RL	0.6	0.0	1,630.1	3.0 kt	03 05:36 Z
01	01-17.32 N	103-45.45 E	258.8°	RL	0.5	0.6	1,629.5	6.0 kt	03 05:48 Z
02	01-17.23 N break water	103-45.00 E	214.7°	RL	0.6	1.1	1,629.0	10.0 kt	03 05:53 Z
03	01-16.75 N basin	103-44.67 E	127.3°	RL	2.1	1.7	1,628.4	12.0 kt	03 05:57 Z
04	01-15.50 N 'E' Cyrene	103-46.30 E	148.9°	RL	2.9	3.8	1,626.3	12.0 kt	03 06:08 Z
05	01-13.00 N Pulau Jong	103-47.80 E	126.3°	RL	3.1	6.7	1,623.4	14.5 kt	03 06:23 Z
06	01-11.15 N (164) SBG	103-50.30 E	067.1°	RL	7.3	9.8	1,620.3	14.5 kt	03 06:36 Z
07	01-14.00 N (165) Cross Traffic TSS	103-57.00 E	081.9°	RL	23.4	17.1	1,613.0	14.5 kt	03 07:06 Z
08	01-17.30 N (166) Carter Shoal	104-20.00 E	049.8°	RL	23.7	40.5	1,589.6	16.0 kt	03 08:43 Z
09	01-32.60 N (167) Eastern Bank	104-38.00 E	023.6°	RL	95.4	64.2	1,565.9	16.0 kt	03 10:12 Z
10	03-00.00 N (168) Anambas Piracy Rep. Area	105-16.00 E	034.0°	RL	361.9	159.6	1,470.5	14.5 kt	03 16:10 Z
11	08-00.00 N (544) Prince Consort	108-38.00 E	039.1°	RL	618.8	521.5	1,108.6	14.5 kt	04 17:08 Z
12	16-00.00 N Macclesfield 775	115-15.00 E	035.7°	RL	480.1	1,140.3	489.8	14.5 kt	06 11:49 Z
13	22-30.00 N Apprch Kaohsuing 774	120-10.00 E	067.1°	RL	5.9	1,620.4	9.7	12.0 kt	07 20:56 Z
14	22-32.30 N KHH Pilot Stn 773	120-15.87 E	071.0°	RL	2.1	1,626.3	3.8	9.0 kt	07 21:26 Z
15	22-32.98 N break water	120-18.00 E	079.4°	RL	1.2	1,628.4	1.7	7.0 kt	07 21:40 Z
16	22-33.20 N Turning Circle	120-19.27 E	112.1°	RL	0.5	1,629.6	0.5	3.0 kt	07 21:50 Z
17 rr	22-33.00 N Kaohsuing Container Terminal	120-19.80 E				1,630.1	0.0		07 22:00 Z

[Summary]

Total Distance: 1,630.1 nm   Avg Speed: 14.5 kts

Projected: 4d 16h 24m

   DEP: 03 January 2011, 1336 LT

   ETA: 08 January 2011, 0600 LT

[Route]

Created by: Adame, Marvin B., NWO

Approved by: Janauscheck, Jens, Master

Modified by:

File: SIN-KHH.WPW

WayPoint For Windows 3.01a

Hanjin Taipei
Voy: 0067E

圖 5-1　新加坡至高雄航行計劃

FM-FLT-0701-1
Revision: 1
Page: 1 of 2
Date: 12 NOV. 2007

VOYAGE PLANNING – ROUTE

SHIP NAME : _____   VOYAGE NO.: _____ **W 054**

PORT／FROM: **HONGKONG**   TO: **SHEKOU**

OUT = 15.9 nm   IN = 4.1 nm

DATE: **(ZD: - 8.0)**   (NO TIME ADJUSTMENT)   (ZD: - 8.0)

(ECDIS:) "HKG-XHK"

GPS	ECDIS	WAY POINT	LOCATION	COURSE / DISTANCE	DISTANCE TO GO	BA CHARTS
↓	↓	22-19.901N 114-07.522E	HIT BERTH NO. KC10		[20.0]	
				225 T 0.4	[19.6	4119
387	00	22-19.60N 114-07.20E	HKG PORT EXIT			
				239 T 0.8	18.8	4119
388	01	22-19.18N 114-06.46E	Northern F'way			
				270 T 1.1	17.7	4119
389	02	22-19.18N 114-05.30E	SW of Mobil			
				340 T 2.5	15.2	4122
390	03	22-21.56N 114-04.36E	SE of Gemini Point			
				270 T 0.8	14.4	4122
391	04	22-21.56N 114-03.48E	North of Ma Wan Island			
				254 T 3.0	11.4	4122
392	05	22-20.70N 114-00.35E	CP 2 & 1 Light buoys			
				270 T 2.6	8.8	4123
393	06	22-20.70N 113-57.56E	CP 4 & 5 Light buoys			
				295 T 2.8	6.0	4123
394	07	22-21.85N 113-54.862E	UR2 Lt. buoy			
				325 T 1.9	[4.1]	4123
395	08	22-23.40N 113-53.70E	XHK Pilot (Pilot Change)			
				347 T 3.0	1.1	342
396	09	22-26.30 113-53.00E	Precautionary Area			
				041 T 0.9	0.2	342

TOTAL: 20.0   (Berth to Berth)

BA CHART IN USE :   4119, 4122, 4123, 342

MASTER: _____   PREPARED BY: 2/O BARRIENTOS, R.M.

圖 5-2   香港至蛇口航行計劃

	VOYAGE PLANNING FORM ALL SHIPS DS SCHIFFAHRT GMBH		Form Code: Forms Issue date : 10/2006 Doc ref : F-THR-21 Page :

Vessel:		Date:	05-Jan-11	Master:	Capt. Tolokolnikov, Valeriy

Voyage No: 100W	Prepared by:	2nd Off. Sorokin, Dmitry	Checked by the Master:

Port of Departure :		Busan		Port of Arrival:		Kwangyang	
ETD:	5-Jan-11	Speed:	18.0	Steaming Time:	4.6hrs	ETA:	5-Jan-11

DEPARTURE PORT PARTICULARS

Zone Time: 9E		Drafts: FWD:	9.75	AFT:	4.2	Under Keel Clearance:	
Name of berth:		HPNT				Distance to seabuoy:	6.1 nm
VHF watch channels		Pilots:	13	VTS:	10	Port Control:	10

	Waypoint	Lat N/S	Long E/W	Course	Distance	Dist. To Go	Charts	Fix method	Fix Interval
B	41	35°04.23'N	128°49.53'E			6.1nm	KR 255.1	radar/visual	10min
	98	35°04.38'N	128°48.38'E	279°	0.95	5.11	KR 255.1	radar/visual	10min
	40	35°03.75'N	128°47.00'E	241°	1.29	4.77	KR 255.1	radar/visual	10min
	52	35°01.95'N	128°47.00'E	180°	1.80	3.31	1065	radar/visual	10min
P	55	35°00.00'N	128°47.65'E	165°	2.02	2.75	1065	radar/visual	10min
						82.4nm			
	36	34°57.90'N	128°48.40'E	164°	2.19	80.19	1065	GPS/radar/visual	30min
	56	34°54.80'N	128°51.50'E	141°	4.01	76.18	1065	GPS/radar/visual	30min
	63	34°41.30'N	128°51.50'E	180°	13.50	62.68	127	GPS/radar/visual	60min
	64	34°27.50'N	128°30.00'E	232°	22.45	40.23	127	GPS/radar/visual	60min
	66	34°35.00'N	127°57.60'E	286°	27.73	12.50	3391	GPS/radar/visual	60min
	67	34°40.50'N	127°56.25'E	349°	5.61	6.89	3391	GPS/radar/visual	60min
	68	34°43.62'N	127°50.40'E	303°	5.73	1.16	3391	GPS/radar/visual	60min
P	69	34°44.60'N	127°49.65'E	328°	1.16	0.00	3391	GPS/radar/visual	60min
						13.8nm			
	60	34°47.70'N	127°48.60'E	344°	3.22	10.54	3391	radar/visual	15min
	70	34°50.90'N	127°48.00'E	351°	3.24	7.30	3390	radar/visual	15min
	75	34°54.00'N	127°44.95'E	321°	3.98	3.31	3390	radar/visual	15min
	74	34°54.60'N	127°42.00'E	284°	2.49	0.82	3390	radar/visual	15min
B	73	34°54.60'N	127°41.00'E	270°	0.82	0.00	3390	radar/visual	15min

ARRIVAL PORT PARTICULARS

Zone Time: 9E		Drafts: FWD:	9.75	AFT:	4.2	Under Keel Clearance:	
Name of berth:		Korea International Terminal				Distance to berth.	13.8 nm
VHF watch channels		Pilots;	08 / 13	VTS:	16; 12 / 06	Port Control:	16/12/20/22

Publications for voyage:	4 ADP - Admiralty TotalTide
1 SAILING DERECTION NP 43 100 136	5 BA charts KR255.1,1065,127,3391,3390
2 Admiralty Digital List of Lights	6
3 LIST OF RADIO SIGNALS N 281(2) 282 283(2) 284 285 286	7

Acknowledged and signed by all Navigating Officers:		
1 MASTER	Capt. Tolokolnikov, Valeriy	2 Ch. Off. Demydov, Yevgeniy
3 2nd Off.	Sorokin, Dmitry	4 3rd Off. De Jesus, Ervin D.

圖 5-3 釜山至光洋航行計劃

第三節　航行計劃之執行

航行計劃在經過制定，討論與評估，並經船長核准之後，即應開始執行，在執行過程中，仍應善於運用各種可以利用之資源來使執行過程安全順利，最後的細節應在實際航行時間安排確定後才予以確認。

執行過程中應注意下列事項：

1. 預計利用潮水之抵達時間 (ETA for Tide)

2. 預計利用日光之抵達時間 (ETA for Daylight) 某些地點最好在日間通過或利用日光從後方照射之優點航行通過。

3. 預計目的地的抵達時間 (Destination ETA) 有時必須準時到達，提早或延後到達都不好，或引水人登輪時間已經確認。

4. 交通狀況 (Traffic Conditions) 某特定點附近之交通狀況。

5. 潮流狀況 (Tidal Streams) 潮流狀況可自海圖或潮流圖集上獲得。

6. 計劃修改（Plan Modification）計劃訂定後，可能經常會需要修改，其影響因素有：航儀產生之誤差、或定位誤差、開航時間延誤、主機在航行中發生問題、天氣因素影響、船公司指示航程有所更改、救援他船或船員緊急生病須送岸就醫等，都需要修改航行計劃。

7. 額外輔助人員 (Additional Personnel) 為了能夠安全地執行航行計劃，有時額外的甲板或輪機人員也需要請來協助，以防止危險發生。在請求額外輔助人員來協助時，應注意下列呼叫之時機及呼叫何人：

(1) 呼叫船長：接近陸岸時，通過受限制水域，接近領航站或船長夜令簿以及船長特別指定「叫船長」之時機。

(2) 機艙人員：自無人當值轉為人員當值時 (Unattended to Manned Machinery Space)。

(3) 呼叫額外適任船副 (Extra Certificated Officer) 上駕駛台。

(4) 呼叫當值人員以外，能在駕駛台擔任手操舵或瞭望等工作之人員。

(5) 呼叫當值人員以外，能擔任甲板工作之人員，例如準備引水梯、備錨、準備靠泊之有關裝備，準備拖船帶纜等。

8. 簡報 (Briefing)

執行航行計劃前，召集相關人員做一簡報，並聆聽所有參與人員有任何疑問或建議。在執行計畫之過程中，若有任何狀況發生，可能需要改變或修改計劃時，亦可再召集相關人員做簡報。雖然航前簡報可能佔用一些時間。實際開航時，相關人員在做過簡報後，得以編制工作時間表和提出進一步的要求。

特別是在異於常規航行的變化，如雙人當值、錨泊班等，應由船長或駕駛員指定相關的人員擔任。簡報內容需要經常更新，在不同的航段，需要重新通報航行進程。這種通報應使每個人都清楚自己在整個航程中的角色，並使自己做出令人滿意的貢獻。

9. 過度疲勞 (Fatigue)

在航程開始前，及航程中或某些特殊狀況下，船長有必要確保駕駛

台團隊成員，均為得到充份休息或不會有過度疲倦的人員。

有些狀況例如：離港時、或進入交通繁忙水域、惡劣天候狀況或通過狹窄水域等高危險情形。相關當值人員之值班時間，可做彈性調整，避免過度疲倦，以使船員能應付繁忙之工作。在這種特殊情況之下，船長可能要求對日常工作時間做些調整，如延長某些值班時間，或縮短某些值班時間，這種由船長為航行安全所做的調整與改變，不應有任何猶豫。

10. 航程與航行之準備

航程與航行之準備，其目的就是要使駕駛台在開航時即處於適合航行之狀態。通常，由於準備的動作較多，因此可以利用查檢表 (Check List) 方式，在每項準備動作完成，即打勾表示，以免遺漏。通常，這種航前檢查之準備動作，多是由資淺船副負責，為了航行安全，務必切實執行。

擔任航行準備的船副應在船長指定的時間之內，將駕駛台之各項航前準備事項完成，各事項包括：

(1) 確認航行計劃 (Passage Plan) 已完成，而且各種相關資訊也已備妥，隨時可用。海圖示已按次序排列，備妥於海圖桌之抽屜內，儘量避免在海圖桌上同時放置一張以上海圖，容易產生誤差。

(2) 海圖桌上鉛筆、鋼筆、橡皮擦、三角板、平行尺、圓規、分規、記事簿、雜記簿等都擺放整齊，方便使用。

(3) 當班輔助用具如：望遠鏡，方位圈，手提式信號燈等都準備妥
當，方便使用。

(4) 確認監測與記錄設備如：航向記錄器、主機運轉記錄器、測深
儀、計程儀與航程資訊記錄器 (VDR) 等操作正常，而且記錄紙
也已備妥或換新。

(5) 確認主羅經操作正常，而且已修正完成，各分羅經亦已校對與
主羅經同步。磁羅經也應檢查確認。

(6) 所有儀器設備之照明燈均正常可用，而且亮度調至適宜亮度，
了解其他備用燈泡之儲存位置，並確認隨時可用。

(7) 檢查航行燈與信號燈正常可用。

(8) 開啟已被關掉之電子航海儀器，並確認其操作模式及位置。

(9) 開啟並確認回音測深儀與航程記錄器，讀數顯示正常，記錄設
備也正常可用。

(10) 確認雷達天線附近清爽、正常之後將雷達開啟，並調整到適當
之模式與距離。

(11) 開啟並測試各項控制設備如：俥鐘，綜合控制設備
(Combinators) 艏側推器，及操舵設備等。

(12) 開啟並測試各種對內及對外通信，聯絡設備 例如：聲力電
話、輕便無線電對講機、VHF、MF 無線電話、NAVTEX、
INMARSAT 及 GMDSS 等系統設備。

(13) 測試氣笛正常

(14) 確保駕駛台舷窗、旋轉掃雨舷窗及雨刷等均清爽，且操作正常。

(15) 確定所有鐘錶與記錄設備之時間均校對準確且同步。

(16) 確保工作場所整潔、光亮，門、窗開關正常，溫度保持適宜，容易移動之物品，也予以固定放在適當位置。

(17) 將 AIS 開啟，並正確輸入相關船舶資料。

(18) 確認所有 TELEX、FAX 或 NAVTEX 等相關資料均妥善輸入，並檢查是否有新的資料待輸入。

駕駛台之各項航前準備事項完成後，向船長報告，駕駛台已完成出航整備。

第四節　監測船舶之航行

監測船舶是否按預定之航行計劃執行，是當值船副的主要工作。監測工作可能為當值船副單獨執行，或請他人協助。有時，也可能是正在擔任支援者及訊息來源者，並協助正在操船之船副執行航行計劃之監測工作。

監測之執行包括一系列之工作，並將工作結果予以分析、檢測。並對監測工作提出適當之行動建議，協助監測航行計劃的執行之工作包括：

(一) 定位方法

監測的最重要的事項，就是隨時得到準確船位。定位方法包括電子定

位系統包括全球衛星導航系統 (DGPS/GPS)、羅遠 (LORAN)、三目標交叉方位，雷達方位距離等。當值船副應利用重複檢驗方式來確認一個準確船位，當值船副應瞭解如何利用各種資訊做出判斷，是非常重要的。

(二) 目測方位

三目標交叉方位法，是近岸航行時確保定位精確的很好方法。然而，電羅經、磁羅經之誤差務必先予修正。此外，能見度也可能影響其精確度。當能見度不佳時，雷達定位就可予以充份利用，其他方法如：航進定位與六分儀測天等，都可能被利用，雖然現代船舶已較少使用，但仍然是一種定位方法可供參考。

電子定位系統也可以利用，特別是在沒有岸上目標可供觀測和雷達觀測海岸線模糊不清的情況下，盡可能採用電子定位系統。然而，必須注意這些電子定位系統並不是完全可靠的，當值船副必須了解所使用電子系統的原理和所受限制，以避免產生錯誤的安全意識。

定位頻率應在計畫階段即已訂妥，照章執行。但是當情況需要時，亦可改變定位頻率，唯必須注意避免在兩次定位中間，存在危險狀況。

(三) 規律性

定位不但要求準確，還要有充份足夠的定位點。而且，各定位點要有規律性，如此可以從固定的時間間隔，計算出當時之船速以及受風或水流之影響。

(四) 推測船位

規律性定位之外，也應利用其他方式予以檢視船位。例如：每次定位

後，根據當時之航向、航速，在海圖上標出下次定位時之推測位置，在抵達下次定位點時，得到之船位與推測位置相同，即表示船舶按照預定計畫之航向及航速前進無誤。假若得到之船位與推測位置不相符合時，應立即檢視推測船位或定位是否有誤、本船主機及操舵是否正常、外力如風與流水對本船之影響。當值船副瞭解本船所受影響之後，即應採取措施修正，讓本船繼續按航行計劃航行。

(五) 測深

當值船副在測定船位時，同時亦應觀查測深儀讀數，並將之標註於定位點旁邊，若圖示水深與測深儀讀數不同時，則應特別小心，有可能是海圖標示有誤，或船舶正駛近危險，若愈來愈淺，更應加倍小心，並重複檢視。

(六) 偏航誤差

當值船副在測定船位後，應即檢視船舶是否在計劃航線上，並按當時之狀況推算，是否能夠按預定時間抵達下一個轉向點。若發現船舶有偏離原航線狀況，則應確認此一偏離航線是否會造成船舶陷入危險情況，或應採取何種措施，始可避開危險。

船舶在航行中，除非為避免與他船過於接近而陷入危險之情況外，通常不得以任何不正當理由偏離原航線。當船舶發生偏離航線之時，當值船副必須確定需要轉向多少度，才能回到計劃航線上，並補償先前偏離航線之影響。假若偏離原航線較遠時，則應向船長報告，請船長決定如何修正航線。

(七) 遵守國際海上避碰章程

船舶應儘量按航行計劃之航線航行，同時也必須遵守國際海上避碰章程各條之規定，這些規則條理清晰，在國際上得到認可，而且為大多數當值船副所熟悉。例如第 16 條規定讓路船之義務，另外第 8 條也明定讓路船在僅採取轉向措施或不可能轉向時，亦應配合減速或兩者綜合運用以避讓他船。適切的航行計劃，應不致於讓本船遭遇到要避讓卻無法避讓之窘境。

在交通繁忙區域和周圍臨近危險的區域，操船者應注意盡可能讓本船既能避讓他船又能保持在預定航線上，以避讓為優先，但切不可造成船舶擱淺。

(八) 非航行之緊急狀況

駕駛台團隊應避免在遭遇一個突然之緊急狀況時，立即反應為了避開該緊急狀況卻將船導入另一個危急狀況。

因此，在製作航行計劃時，應儘可能考慮週詳。然而，在航程中卻仍然可能會遇到突發的緊急狀況，操船者應時刻保持情境認知度和對周圍情況的認真分析，並配合駕駛台團隊管理的原理予以善加運用，將可以避免危險或防止情況惡化。

(九) 時間管理

當船舶因海上狀況可能提早或延遲，而無法按預定時間抵達下一個航行參考點時，當值船副應考慮是否需要調整船速，以為配合。有些時候，為了確保預定船席或利用潮汐必須準時抵達。

如發生上述事件時，當值船副可以按當值常規或夜令簿規定處理，直接通知機艙加減船速，亦可報告船長，請船長裁示。

(十) 瞭望

當值船副對於情環境認知度的提升，這點可以從駕駛台團隊的結構化管理，以及其本人的自我要求而達成，亦即當值船副保持良好的瞭望習慣而提高。然而，一個好的瞭望 (Look Out)，不僅是目視本船週圍環境而已，同時，應遵守國際海上避碰章程第5條，對瞭望的規定：「每一船舶在任何時候都應利用視覺、聽覺以及適合當時環境和情況的一切有效手段保持正常瞭望，以便對當時狀況和碰撞危險做出充分評估」。

雖然上述規則特別強調碰撞危機。然而，如果當值船副想提高其情境認知度，應該充分瞭解有效瞭望的意義，當值船副欲保持有效的瞭望，應該注意包括下列事項：

(1) 不間斷地利用目視觀察週圍狀況，包括臨近之危險區域、其他船舶及航行標誌等，經常保持對四週狀況，完全了解。在能見度不佳時，雷達可提供較目測更為明確之訊息。但是，雷達影像經常與實際目視之景象，不完全相同，通常較有經驗的船副，比較能分辨出來。因此，當值船副平時即應經常利用機會，將目視之週圍狀況來和雷達影像相互比對，以增加經驗。

(2) 目視瞭望，不只觀察周圍的其他船舶，同時對於風力、風向以及能見度等環境的變化，也可立即感受到。

(3) 目測他船之羅經相對方位超前、落後之變化，可以很快得知他船是

否對本船有危險。

(4) 目測燈光之屬性，是唯一正確有效辨識燈光之方法，並可以提高當值船副的環境認知度。

(5) 瞭望也應包括經常注意船上控制系統與警報系統是否正常。例如比較標準羅經與電羅經之羅經差，以及保持正確航向。

(6) 雷達、測深儀等電子助航設備，應善加利用切不可輕忽其重要性，但亦不應過於依賴。

(7) 注意 VHF 在適當頻率之收聽與發送，也是瞭望應注意之事項，因為在航經某些有狀況發生，可能會使安全航行受影響之區域，可以經由VHF之守聽，提早瞭解狀況之發生。

(8) 在較大幅度轉向前，應特別注意養成下列習慣「轉向前先看艉方向是否清爽」 以及「利用目視及雷達預先查看轉向後新航線之狀況」。

當值船副對環境認知度的掌握，應多加利用各種方法及儀器設備等，對週圍環境做全面性的瞭解，不僅只是測定船位與航向的修正而已。

(十一) 龍骨下餘裕水深 (Under Keel Clearance)

航行當值亦應經常注意測深儀以瞭解龍骨下餘裕水深，以免發生因橫搖 (Rolling) 與顛簸 (Pitching) 而造成船身觸底 (Touch Bottom) 或擱淺之現象。

(十二) 航行參考點 (Waypoints)

航行參考點是在海圖上顯示到達該點將會有航行狀態改變，或有某事

件即將發生的參考位置點。能否準時到達航行參考點,也是檢視航程中是否受其他因素影響的方式。當值船副應視狀況採取適當措施,予以修正。

(十三) 疊標 (Transits or Ranges)

疊標通常是很重要的助航標誌,經常被利用在轉向時,用舵之參考點,其優點就是不需觀測其方位、度數僅需目測兩物標之相關位置即可。此外,

當值船副也可以利用疊標來判定本船是否在預定航線上,特別是在做一個轉向之後。雖然,觀測疊標並不困難,然而確認疊標也可提高當值船副之判斷力。

(十四) 導航線 (Leading Lines)

預定航線之延伸線上兩個易於辨識的岸上物標連成一線,即為導航線,常繪於海圖上,以確保船舶航行於預定航線上。導航線必定由疊標方式形成,但疊標並不一定是導航線。

(十五) 天然導航線 (Natural Leading Lines)

當值船副應該經常找機會,利用在預定航線上的航行標誌與岸標或陸地邊緣等,所形成的天然導航線來確認船舶是否在預定航線上。

(十六) 避險目標與避險方位 (Clearing Marks and Bearings)

在航行計劃中,所標記之避險目標與避險方位,並非一準確之定位,僅由觀測避險目標之避險方位即可得知船舶是否處於安全水域中。

(十七) 初顯與初隱距離 (Rising/Dipping Distances)

在接近陸岸,或沿著海岸行駛時,觀測強光的初顯或初隱距離,將這

點與觀測方位標繪在海圖上，也可以幫助當值船副確認船舶航行在預計位置上。

(十八) 光弧 (Light Sectors)

當值船副可以充分利用觀測有色光弧區之顏色變化，了解本船是否進入危險。有時候，聯閃光的光弧變化，可以用作方位線，在結冰天氣中，應注意光弧會比較不明顯，應提高警覺。

(十九) 衛星定位系統 (GPS)

實用上而言，利用航海衛星測定船位的確方便又準確。

然而使用衛星定位系統時，仍應注意下列六項：

(1) 利用衛星定位系統的確是用來實踐航行計劃之最重要，也是必要的工具。

(2) 避免發生單人誤差 (One Man Error) 亦即百分之百完全相信衛星定位系統。實際上，衛星定位仍應與其他方式得到之船位相互校對，船副交接班時，亦應再加以重複核對。

(3) 注意衛星定位系統也可能會損壞之可能性。使用衛星定位系統時，務必注意衛星可能毀壞、失效，船上的衛星定位系統也可能損壞之事實。

(4) 衛星定位之船位，經常找機會利用陸岸位置加以校對。因為，實際地理位置與海圖標示位置，可能因為海圖座標系統與衛星定位之座標系統有所差異，而有不同。所以，應經常利用機會校對。以避免發生海圖位置標示錯誤而造成進一步的誤差。

(5) 當船舶航行在航海衛星較少涵蓋的區域時，尤其在接近陸岸時或者更換海圖時，要特別小心其定位之準確性。

(6) 當使用整合式航海系統 (Integrated Navigation System) 時，更應注意衛星定位之準確性，盡量不要利用兩台 GPS 互相校對船位，因為假若兩台GPS均接收相同衛星訊號，而且該衛星損壞、失效或訊號微弱等原因，而有錯誤船位產生，將可能因為衛星定位系統之誤差造成整個系統更大的誤差。

第五節　航行計劃實例

實例一：高雄至馬公

台華輪為定期航行於高雄馬公間之定期船，其主要規格如表 5-1 所示。今設 20xx 年 6 月 22 日，臺灣航業公司訂於 6 月 23 日上午 0900 自高雄新濱碼頭開航，需於 1330 開抵馬公停妥於第一號碼頭。航行計劃如下：

表 5-1　台華輪：駛上駛下型客貨車輛運輸輪主要規格

台華輪：駛上駛下型客貨車輛運輸輪主要規格

M.V. "TAI HWA"
Principal Particulars of Combination Feery / Ro-Ro / Passenger Vessel

船舶全長	Length over-all	ABT. 120.00 M
兩垂間長	Length between perpendiculars	107.00 M
型　　寬	Breadth moulded	19.30 M
型　　深	Depth moulded	8.00 M
吃　　水	Draft moulded	5.50 M
載 重 量	Deadweight	ABT. 1,500 T
總 噸 位	Gross Tonnage	8,000 T
船　　型	Type	Twin Screw Driven, Combination ferry / Ro-Ro / Passenger Vessel
貨艙容積	Cargo Capacity	800 M³ 可裝載小型貨櫃、冷凍貨櫃、雜貨
主　　機	Main Engine:	
型　　式	Type : MAN—B & W 9L 40/45	
最高制動馬力	Max Output Continous Rating:	7,245 ps at 600 rpm
航行制動馬力	Normal Output :	6,683 ps at 579 rpm
速　　率	Speed :	
最大速率	Max. Trial Speed	ABT. 22.00 Knots
營運速率	Service Speed	MIN 21.00 Knots
續 航 力	Cruising Endurance	3,000 Nautical Miles
載客容量	Passenger Capacity :	
貴 賓 室	VIP room	
10一等客室	Special 1st class	20 P
10二等客室	Special 2nd class	40 P
臥　　鋪	General Berthing	140 P
坐臥兩用椅	High class reclining seat	700 P
司機休息室	Driver room	14 P
總　　計	Total	918 P
尖 峰 期	Peak Season	1,204 P

載車容量	Vehical Capacity:	
大型車	Bus	10 部
小型車	Sedan	20 部
機　車	Motorcycle	60 部
卸貨設備	Cargo Handling Equipment	10 T Deck Crane
穩定翼	Sperry—Fin Stabilizer	
船舶向艏推進器	Bow Thruster	ABT. 9 Tons
艏・艉跳板	Bow & Stern Quarter Ramp	
船　　級	Classification	
	China Register of Shipping	
	CR 100 ✝ ⓜ, CMS ✝, .CAS ✝	
	American Bureau of Shipping	
	✝ A1 ⓜ. ✝ AMS, ✝ ACC	
船　　員	Complement	60 P
娛樂設備	Entertainment Facilities	
高級餐廳	Restaurant	100 P
速簡餐廳	Cafeteria	80 P
沙　龍	Saloon	50 P
視聽遊樂器材	Video Game Room	30 P
游　泳　池	Swimming Pool	
閉路電視及高級音響	Video TV and Stereo System	

(一) 作航行計劃之評估（初期準備）查相關海圖及航行指南，看是否有推薦航路，並將所需之燈塔表、潮汐表備齊。

(二) 由於台華輪最大吃水僅 5.5 公尺，高雄、馬公兩地碼頭於最低潮位時均大於 5.5 公尺，不受潮汐影響。

(三) 0900 至 1330 計 4^h30^m，高雄馬公全程 74 浬，另預留離靠碼頭各 15 分鐘，則 74 ÷ 4 = 18.5（節）以 SOA 18.5 節即可達成任務，經查台華輪之營運速率為 21 節，係在其範圍以內。

(四) 海圖之準備

在此計劃中查中華民國海圖目錄需用海圖

0331：澎湖群島。

0336：澎湖港道。此圖即可將全部航線繪出。

0341A：高雄港第一港口。

(五) 經詳閱航行指南及海圖即可在 0336 號海圖上作初擬航程，自高雄第一港口開出於 L 22°38'N，λ120°14'E 依航向 324° (T) 由鵝豆鼻、桶盤嶼、凸角及浮塭燈標間之水道，航向 308°，再轉向東進入金龍頭與測天島西端所成之劃線即可進入。船隻自澎湖群島東方接近時，則應避開裏正角東南方諸險處，進至虎井嶼東方約 1 浬處，再經東南航道駛入。

(六) 自高雄開出後最先看到澎湖群島之東吉嶼，至此即可轉換使用 0331 澎湖群島海圖，依航行指南所建議之路徑航行即可安全進入馬公港靠泊。

相關參考資料如表 5-2 及圖 5-5 所示。

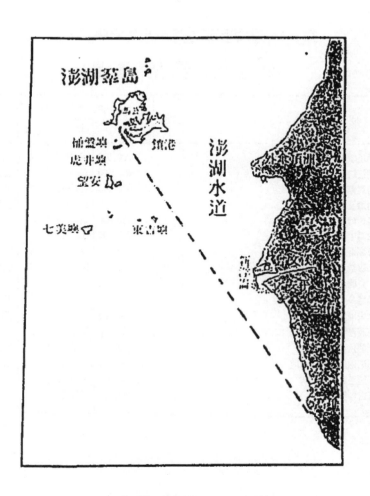

圖 5-4　台華輪行駛高雄──馬公航線圖

表 5-2　中華民國沙埕港至南澳島（一）

沙 埕 港 至 南 澳 島 ㈠

圖　號	圖　　　　　　　　　　名	比 例 尺 1:	刊 行 年 月			圖輻
			初　刊	版次	復　刊	
0306	烏坵嶼至東引含台灣北部	300,000	民41-12	4	民74-12	全
0307	閩江口至香港含台灣北部	1,000,000	民40-3	4	民65-11	全
0312	台灣海峽	650,000	民42-10	3	民66-4	全
0313	台灣及附近島嶼	500,000	民41-5	4	民73-12	全
0328A	溫州灣至台灣中部	720,000	民77-11			全
0328B	台灣中部至東沙島	720,000	民77-11			全
0336	澎湖港道	150,000	民41-12	5	民71-6	全
0340	高雄港至鵝鑾鼻	150,000	民42-10	4	民73-12	全
	分圖：大坂埒錨地	30,000				
0343	鵝鑾鼻至台東港	150,000	民42-7	3	民83-6	全
0348	台東港至花蓮	150,000	民42-9	2	民66-3	全
0350	花蓮港至三貂角	150,000	民42-12	2	民66-3	全
0352	三貂角至哲港泊地	150,000	民40-11	4	民83-6	全
0356	哲港泊地至海口泊地	150,000	民42-11	4	民83-6	全
0360	基隆至釣魚台列嶼	250,000	民73-12			全
1492	宮古島至台灣	363,000,	民74-6			全

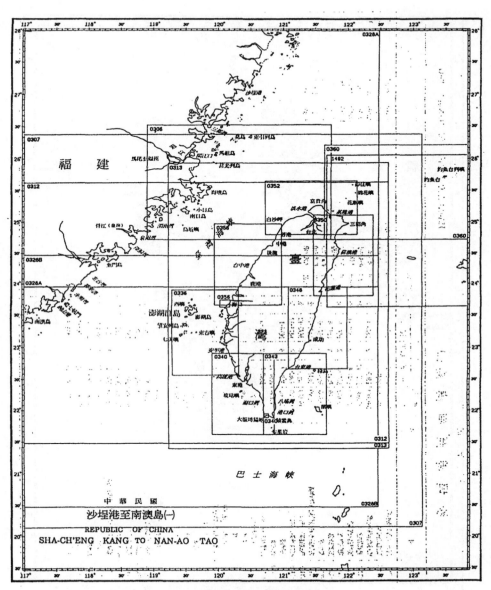

圖 5-5　中華民國沙埕港至南澳島（一）

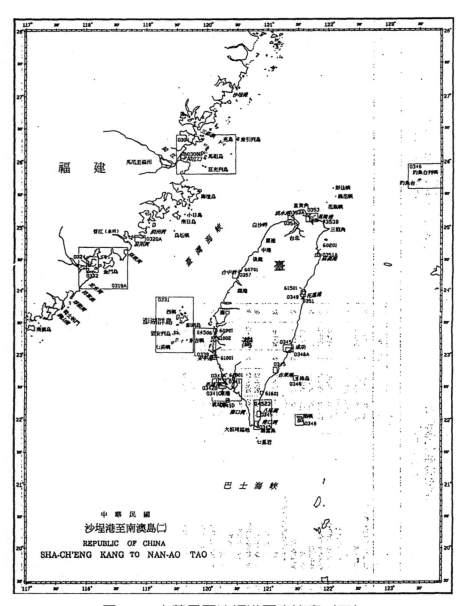

圖 5-5　中華民國沙埕港至南澳島（二）

實例二：高雄至基隆

長晶輪主要規格如表 5-3 所示。今設該輪由於吃水限制，需於 7 月 13 日 0800 進基隆港停靠東 10 號碼頭（該港該日高潮為 0814 潮高 1.10 公尺）。該輪目前停於高雄 116 號碼頭，擬定航行計劃如下：

(一) 先作航行計劃之評估（初期準備），查相關海圖及航行指南，看是否有推薦航路，並將所需之燈塔表、潮汐表備齊。

(二) 依推算長晶輪應於 7 月 12 日 2000HR 離碼頭，2000HR 至 7 月 13 日 0830 計 12^{h}30^m，由高雄第二港口至基隆全程 230 浬，因長晶輪在高雄、基隆均屬強制引水之船舶，其出港及進港各預留30分鐘，則 230 ÷ 11.5 ＝ 20（節），如以 20 節航速航駛 11^{h}30^m 即可抵基隆引水站進港。

(三) 海圖之準備

    0313：　　　台灣及附近島嶼。

    0341C：　　高雄港。

    0341B：　　高雄港第二港口。

    0336：　　　澎湖港道。

    0356：　　　舊港泊地至海口泊地。

    0352：　　　三貂角至舊港泊地。

    0353：　　　基隆港附近。

    0353A：　　基隆港。

(四) 詳閱航行指南及海圖即可在 0313 號海圖上作初擬航程，自高雄第二港口開出以 295°(T) 航向航行至旗後山燈塔正橫時轉向 330° (T)，航行至東吉嶼 (L 23°15'N，λ119°40'E) 之東方約 10 浬處，再以航向 000° 航行 31.5 浬經查某嶼 (L 23°32'N，λ119°43'E) 至目斗嶼 (L 23°47'N，λ119°35'E) 之東方約 14 浬處，再以航向 037° (T) 航行 102 浬至白沙岬燈塔 (L 25°03'N，λ121°04'E) 之西北方約 7浬處 (L 25°08'N，λ121°00'E)，轉航向 063° (T) 航行約 33 浬至台灣極北端富貴角 (L 25°18'N，λ121°32'E) 約5浬處。轉航向 128° (T) 約航駛 13 浬至野柳半島燈塔正橫 2 浬處 (L 25°14.5'N，λ121°43'E)，航向156°(T) 至分道航行起點 (L 25°12.5'N，λ121°44'E)。轉170°(T) 航駛約 1.5 浬至引水站。引水人上船航駛約 1.5 浬進入外防波堤，循港內航道，慢駛進靠東 10 碼頭。

表 5-3　長晶輪主要規格表 (Particular)

船　舶　明　細　表　PARTICULARS

船　名　SHIP'S NAME：M/V "EVER REFINE" 長晶輪　　註冊號碼 OFFICIAL NO.：23777-PEXT-1

船　東　OWNER：GREENCOMPASS MARINE S.A.　　註冊港口 PORT OF REGISTRY：PANAMA

國　箱　NATIONALITY：PANAMA　　　　　　　　船舶呼號 CALL SIGN：3FSB4

船　型　TYPE：FLUSH DECKER (WITH F'CLE)　衛星通訊識別碼 INHARSAT ID. NO. { "A" MAIN 1347756 (TLX,TPN) / 2ND 1347757 (FAX) / "C" 435449110 }

\++

建　造　年	BUILT KEEL LAID：OCT.17TH,1994	甲　板 DECK PLAN：	1
	LAUNCHED：JAN.12ND,1995	艙　堅 BULKHEADS：	11
	DELIVERED：JUN.29TH,1995	貨　艙 HOLDS：	9
建　造　版	BUILDER：MITSUBISHI HEAVY IND.,LTD.	艙　口　盖 HATCH COVERS：	53

船　質　MATERIAL：STEEL　　吊　貨　機 CRANES：PROVISION CRANE

船　級　CLASS NO.：941740　　　　　　　　　　7/2 T X 7/14 M/MIN X 1 SET

　　　CLASS NOTATION：NS≠,HNS≠(HO)　吊桿/絞機 DERRICKS/WINCHES：NIL

定　檢　SPECIAL SURVEY：1999　　船艏橫推平 BOW THRUSTER：2,700 PS X 1

　　　　　　　　　DESIGNED REGISTERED　螺　旋　漿 PROPELLER：RIGHT-TURN SINGLE SCREW

總　長　LENGTH O.A.：294.13M (965'-00")　　　　6 BLADES X PITCH = 7.98 M

法　長　LENGTH B.P.：281.00M　281.63M　輔助　鍋爐 AUX.BOILER：VERTICAL WATER TUBE BOILER

船　寬　BREADTH MLD：32.22M　32.22M　鍋爐製造廠 BOILER MAKER：OSAKA BOILER MFG.CO.,LTD.

船　孫　DEPTH MLD：21.25M　17.40M　蒸氣　壓力 BOILER WORKING PRESSURE：7 KG/SQCH.

總　噸　數 GROSS TONNAGE：53,103　無　線　電 WIRELESS：HF/HF INSTALLATION 800V

淨　噸　數 NET TONNAGE：29,431　航海　儀器 NAV. EQUIPMENTS：INHARSAT-C,GP,ES,DS,

載貨　重量 DEAD WEIGHT：58,912 TONS　　　　　　　DSL,RDF,LR,DECCA,GPS,FAX

排水　噸 DISPLACEMENT：79,156 TONS　特別　設備 SPECIAL EQUIPMENTS：INHARSAT-A

空船排水噸 LIGHT DISPLACEMENT：20,244 TONS　主　機 MAIN ENGINE TYPE：MHI SULZER 9RTA 84C

淡水　艙 FRESH WATER CAP.：227.7 CUB.M　主機製造廠 ENGING MAKER：MITSUBISHI HEAVY IND.,LTD

壓水　艙 BALLAST WATER CAP.：24,446.1 CUB.M　主機　位置 ENGINE PLACED：SEMI-AFT

吃　水 DRAFT {
DESIGNED 12.50M
SUMMER　12.60M　12.632M
SEA TRIAL：26.04 KTS }

馬力 x 轉速 HP X RPM { MCO：46,800PS X 100RPM / NOR：42,120PS X 96.5RPM }

船　速 SPEED { SERVICE：23.2 KTS }

耗　油　量 CONSUMP. { AT PORT：A/C 14.8 M.T/DAY / AT SEA：A/C 132.5 M.T/DAY }

貨櫃　容積 CONTAINER { 4 TIERS 3,904 TEU / 4 & 5 TIERS 4,229 TEU (REEFER CTNR.：450 SOCKETS) }

發　電　機 GEN. ENG. { MAN B&W HOLEBY 7L28/32H / MAN-DEMP DO226 MLE }

貨載　容積 CAPACITY { GRAIN：NIL / BALE：NIL }

發　電　量 GEN.CAP. { 1700KVA, AC450V X 4 SETS / 125KVA, AC450V X 1 SET }

燃　油　艙 FUEL OIL { "C"：5,489.9 CUB.M / "A"：399.3 CUB.M }

艙口　大小 HATCH SIZES：

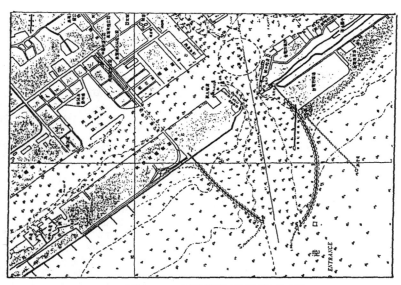

圖 5-6　高雄港第二港口圖

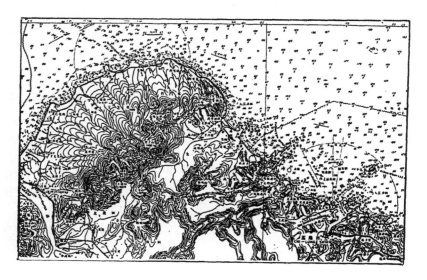

圖 5-7　基隆港附近圖

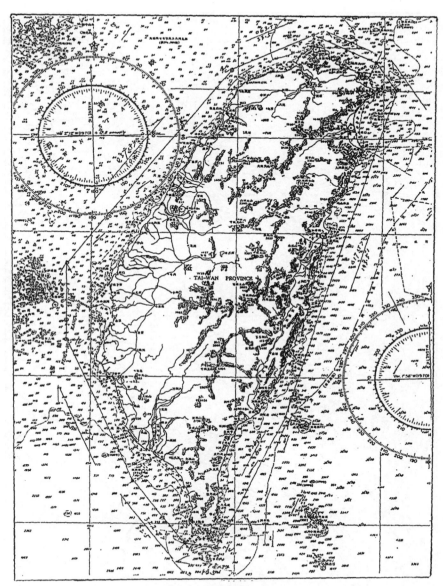

圖 5-8　台灣及附近島嶼

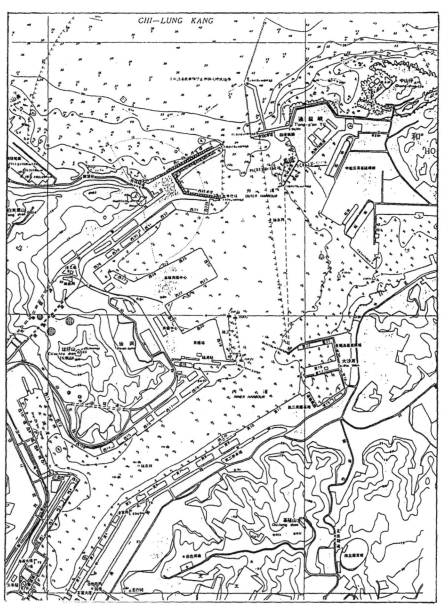

圖 5-9　基隆港區圖

實例三：基隆至神戶

宇宙學府輪為董氏集團所屬載運學生及旅客環球航行之定期客輪。其主要規格如表 5-4 所示。今以其春季班東向環球航行，於 4 月 2 日 2300，由基隆港東 1 號碼頭開航預定 4 月 5 日 1200 前抵達日本神戶客運碼頭，航行計劃擬定如下：

表 5-4　S.S. "UNIVERSE" 宇宙學府輪主要規格表

Owner：Seawise Foundations, Inc.
Registry：Monrovia, Liberia
Service：Passenger Ship, World Campus Afloat Programme
Classification：＋ A (E) (ABS)
Type：Single Screw Steam Turbine
Material：Steel
Horse Power：19,250 SHP
Service Speed：16 Knots
Length Overall：171.00 M
Length BPP：160.94 M
Breadth Extreme：23.17 M
Depth Registed：9.0 M
Gross Tonnage：13,950
Net Tonnage：7,270
Summer Deadweight：5100
Summer Draft：8.72 M
Bunker Capacity：F0/2223
Fresh Water Capacity：1160 Ton
Passenger's Cabin/Berth：316/855
Crew's Cabin /Berth：98/246
Aids to Navigation：Radar, ARPA, NNSS, GPS, Loran-C, Echo Sounder, RDF

(一) 先作航行計劃之評估（初期準備），查閱相關海圖及航行指南。看是否有推薦航路，並將燈塔表、潮汐表備齊。由於該輪乃客輪，航行首重安全，並兼顧舒適及沿途海上景觀，因此在航路選擇上，尤需安全考量。

(二) 由於宇宙學府輪，最大平均吃水 28 呎 7 吋，今查基隆東1碼頭及日本客運碼頭圖示水深均大於 9 公尺，因此開航及到達時間不受潮汐影響。航路沿途最低水深，除港區航道 11 公尺外，餘皆超過 14.1 公尺。

(三) 航程及速率的考量：4 月 2 日 2300（-8 時區）至 4 月 5 日 1200（-9 時區），計 60 小時。兩港航程 925 浬，進出港口作業時間各一小時計，則 925 ÷ 58 ＝ 15.95（節）。四月上旬，雖偶有微弱東北季風，但航程上可獲北向平均 1 節之順潮流。該輪以正常航速 16 節航駛，當可及時到達目的港口。

(四) 海圖之準備

　　1. 中華民國海圖：

　　　　0313：　　台灣附近島嶼

　　　　0353A：　基隆港

　　　　0353：
　　　　　　　　基隆港附近
　　　　0352：

　　　　0360：　三貂角至舊港泊地
　　　　　　　　基隆至釣魚台列嶼

2. 日本海圖：

    1009：   日本及近海

    1072：   東京灣至鹿兒島灣

    182A：

                九州南部至南西諸島

    157：

    108：   潮岬至大隅海峽

    77：   足摺岬至室戶岬

    100A：

                室戶岬至潮岬

    150C：

    150A：   瀨戶內海東部

    1103：

                紀伊水道

    101A：

                大阪灣

                大阪灣東部

                神戶港

(五) 經詳閱航行指南及相關海圖，即可在日本海圖 1009 號海圖上，作全程航路規劃，並依航行區域使用適當海圖。各轉向點註明預定到達時間及接用海圖名稱。在航行計劃表上，並註明四月三日午夜，全船時鐘撥快一小時。內容列述如下：

1. 2300 引水人上船，離駛東一碼頭，港內航道水深 11 公尺，航駛約 0.25 浬至內防波堤。時間約近午夜，退潮期間堤口落潮流向

東。

2. 東延伸堤附近，引水人離船。航向015°(T) 駛向出港航道起點 (L 25°10.3'N，λ121°44.9'E)。基隆進出港實施分道航行，航駛4浬至出港航道終端 (L 25°12.4'N，λ121°45.4'E)。轉航向 059° (T)，基隆嶼燈塔 (Fl 15s) 查核船位。

3. 轉向 059°(T)，航駛約 15 浬經花瓶嶼 6.5 浬左正橫通過，續航駛約 10 浬，屏風岩 5 浬左正橫通過，再航駛 22 浬釣魚台在本船右正橫 19 浬通過。

4. 059°(T) 航駛約 410 浬（轉向後約 25^h30^m，即四月四日約 0130）接近日本橫當島 16 浬正橫船位 (L 29°00'N，λ128°50'E) 轉航向 090° (T)。航駛 22 浬，左前方寶島燈塔（高219公尺）（22 浬可見）。當燈塔方位 315° 距離 10 浬 (L 29°00'N，λ129°15'E) 轉航向 052°(T)。

5. 轉向 052°(T) ，航駛約 123 浬，至 L 33°10'N，λ134°16'E，至距大竹崎 (Otake Si) 燈塔方位 322°(L 30°15'N，λ131°05'E) 轉航向 043° (T)。

6. 轉向 043°(T)，航駛約 236 浬，至 L 33°10'N，λ134°16'E，即室戶岬 (Muroto Si) 燈塔方位 313° 距離 7 浬處，轉航向 038°(T)。室岬燈塔亦發射雷碼示標 (Ramark)，可善加利用。

7. 轉向 038°(T)，航駛約 52 浬，至 L 33°50'N，λ134°55'E，即伊島 (I Sima) 燈塔方位 270°距離 4.5' 轉航向 007°(T)，進入紀伊水道

(Kii Suido)，並開始適用日本海上交通安全法之航行管制。

8. 轉向 007°(T)，航駛約 26 浬至 L 34°16.7'N，λ134°59'E，即沖
島 (Oki-No-Sa) 上之鯉突鼻燈塔方位 090° 距離 1.0 浬處轉航向
028°(T) 進入大阪灣。

9. 轉向 028°(T)，航駛約 20 浬，離神戶港引水站 4 浬處，轉航向
009°(T)，預計 4 月 5 日 1030 時可抵引水站。

10. 引水人上船，由南端防波堤進入，經由第二航道水路轉向駛進
新港客運碼頭。港內航道水深 12 公尺，碼頭最低水深 9 公尺。
預計 1130 時前靠好碼頭。

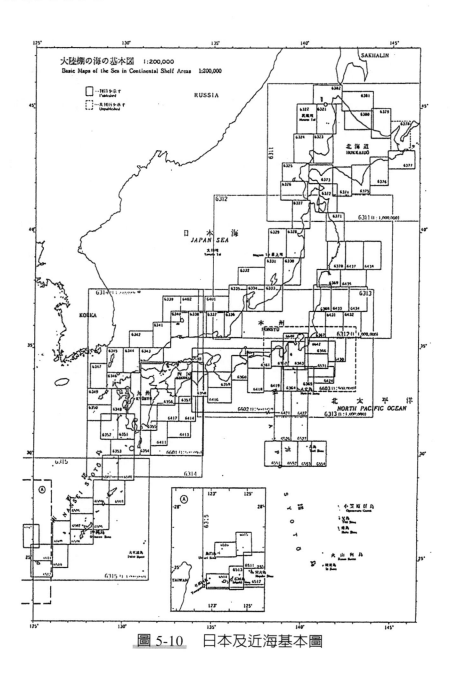

圖 5-10　日本及近海基本圖

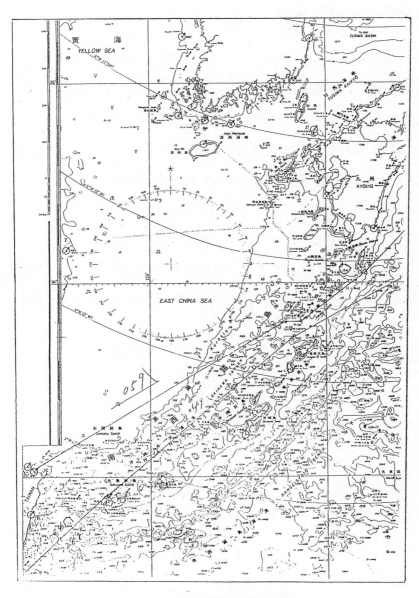

圖 5-11　部分航行計劃圖

實例四：高雄至長堤

東方導師輪為東方海外航運公司 (OOCL) 所屬之全貨櫃輪，定期航駛 (Weekly Service) 於遠東及北美西岸。該航線為配合美國內陸火車運輸，船期要求至為嚴密。該輪主要規格如表 5-5 所示。今以其東向航行，於 4 月 22 日 2300。由高雄港 #66 號碼頭開航，駛往美國長堤 (Long Beach)，並需於 5 月 6 日 0700 前抵達引水站，0800 靠好碼頭。航行計劃如下：

(一) 先作航行計劃之評估（初期準備），查閱相關海圖及航行指南，看是否有推薦航路，並將燈塔表、潮汐表備齊。

由於該輪甲板上裝載五層貨櫃，滿載開航，由高雄直放美國長堤，航程上除考量距離因素外，亦應考慮到風因素及避免劇烈的橫搖。

表 5-5　M.V. "OOCL EDUCATOR" 東方導師輪主要規格表

Operator：Orient Overseas Container Line Ltd.
Registry：Monrovia, Liberia
Service：Container Carrier
Classification：+ AI + AMS (ABS)
Type：Single Screw One Oil Engine
Material：Steel
Horse Power：33,120 BHP
Speed：MCR/20, MCR/21
Length Overall：252.19M,
Length BPP：239.19M
Breadth：30.50M
Depth：18.19M
Gross Tonnage：35,599
Net Tonnage：12,930
Dead Weight：38,680 Tons
Summer Draft：11M
Aids to Navigation：Radar, ARPA, GPS, Loran-C, Echo Sounder, RDF.

(二) 該輪開航最大吃水 10.9 公尺，查高雄 #66 貨櫃碼頭水深 13 公
　　尺，長堤 #241 號碼頭水深 41 呎（約 12.4 公尺）。兩港進出航道
　　水身約在 14 公尺以上，均無潮汐問題。在航路水深的限制上，為
　　確保安全航行，除進出港作業航道外，所經航路最低水深要求為
　　16 米。經查沿圖航路可航水深最低為 42 公尺。

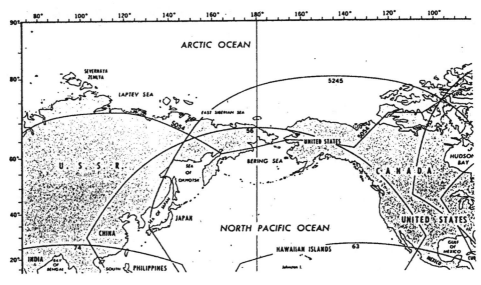

圖 5-12　北太平洋圖

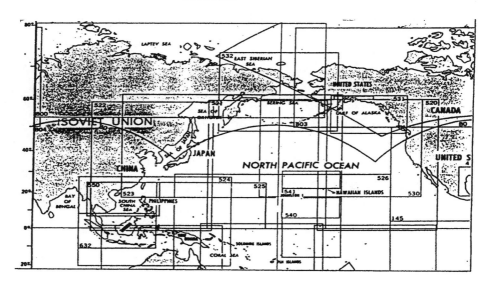

圖5-13　北太平洋索引

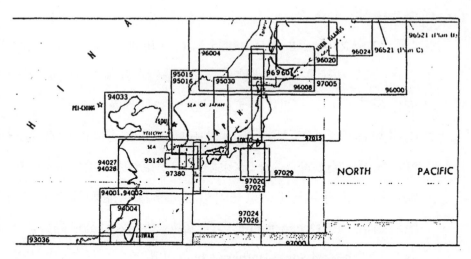

圖 5-14　台灣至日本近海圖索引

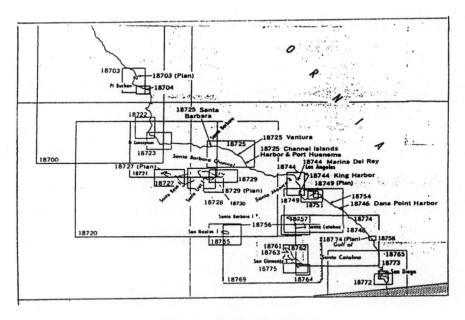

圖 5-15　美國西岸圖索引

(三) 航程及速率的考量：

1. 4 月 22 日 2300（-8 時區）至 5 月 6 日 0800（+8 時區）總計 14 天 1 小時（撥慢一天，撥快八小時），時數為 337 小時。進出港作業各 1 小時，則實際航行時數為 335 小時。

2. 兩岸航程可分為三段：第一段由高雄經台灣南端，轉台灣東岸，約循大圈航路，沿日本東南水域至東京灣附近外海約 50 浬處。第二段則由上述東京灣附近外海，配合船期及考量季節性風浪因素，依 Ocean Route 之建議以北緯 42 度為最高緯限，採混合航法至美國 Santa Barbara Channel 東向分道航路南端起點。第三段則由前述分道航路起點，循分道航行沿岸水路，航駛至長堤港引水站。

3. 航程距離：

   第一段由高雄二港口外 3 浬至日本航洋起點 (L 33°34.1'N，λ139°21'E) 計約 1269 浬。

   第二段北太平洋最高緯度 42 混合航法至航洋終點 (Santa Barbara Channel) 計約 4848 浬。

   第三段航洋終點，美國沿岸航行至長堤引水站計約 126 浬三段航程總計 1269 ＋ 4848 ＋ 126 ＝ 6243（浬）

4. 速率要求：6243 ÷ 335 ＝ 18.64（節）

5. 該輪正常航行速度為 2 0 節，東向航行順流。因此可以配合船期要求到達。

(四) 海圖之準備

1. 總圖及參考圖

DMA Chart 54　　　　　北太平洋麥氏海圖

DMA Chart 56　　　　　北太平洋大圈海圖

DMA Chart 108　　　　北太平洋引航圖（四、五月份）

JAPAN Chart 1009　　　日本及近海

2. 中華民國海圖：

0341B：　高雄港第二港

0341：　　高雄港至枋寮泊地含琉球嶼

0340：　　高雄港至鵝鑾鼻

0343：　　鵝鑾鼻至台東港

0307：　　閩江口至香港含台灣

3. 日本海圖：

1207：　　花蓮東岸至西表島

1204：　　石垣島至宮島列島灣

182A：　　九州南部至南西諸島

182B：　　奄美大島至德之島

61B：　　東京灣至潮岬

4. 美國海圖

DMA Chart　　　523　　North Pacific Ocean (Eastern Part)

DMA Chart　　　523　　North Pacific Ocean (Northwest Part)

NOS Chart	18720	Point Dume to Purisima Point
NOS Chart	18740	San Diego to Santa Rosa Island
NOS Chart	18746	San Pedro Channel
NOS Chart	18749	San Pedro Bay
NOS Chart	18751	Los Angeles and Long Beach Harbors

表 5-6　VOYAGE PLANNING SHEET

DATE	HOUR	WP.	POSITION	TO NX. WP.		SPEED	RUN	SAILING	WING		REMARK
				CO.	DIST.	KTS	TIME	AREA	DIR	FOR	
APR. 23	0048	1.	L22 27.6N λ 120 15.2E	VAR.	53.6	18.81	2H 53M	SOUTH TAIWAN	NE	4	
23	0339	2.	L21 50.1N λ 120 50.8E	045	228.8	19,87	11H 31M	EAST TAIWAN	NE	6	
23	1510	3.	L24 31.6N λ 123 46 E	049	373.8	19.37	19.8H	OKINAWA IS.	NE	6	
24	1028	4.	L28 38 N λ 128 58.6E	061	611.7	20.15	30H 21M	SOUTH JAPAN	E'LY	6	
25	1749	5.	L33 34.1N λ 139 20.9E	069	324.9	19.44	16H 43M	N'PACIFIC OCEAN	SE	4	ADVANCED ONE HOUR
26	1132	6.	L35 38.2N λ 145 19.8E	068	266.1	21.03	10H 45M	〃	SE	4	
26	2217	7.	L36 54.7N λ 148 42.2E	068	253.4	19.17	13H 13M	〃	SE	4	ADVANCED ONE HOUR

27	1230	8.	L38 29.5N λ 154 37.9E	074	277.2	18.90	14H 40M	〃	ENE	6	
28	0410	9.	L39 47.4N λ 160 19.5E	077	221.2	18.93	11H 41M	〃	NE	6	ADVANCED ONE HOUR
28	1551	10.	L40 39N λ 165 00E	080	230.9	19.00	12H 09M	〃	NE	7	
28	0400	11.	L41 44.7N λ 174 49.4E	083	219.0	18.88	11.6H	〃	NE	6	RETARDED ONE DAY
28	1536	12.	L41 44.7N λ 174 49.4E	087	373.8	19.27	19.4H	〃	N'LY	6	
29	1200	13.	L41 59N λ 176 51W	090	764.5	19.50	39.2H	〃	NW	6	ADVANCED ONE HOUR
MAY 01	0512	14.	L41 49.1N λ 159 57.2W	092	204.1	20.11	10H 09M	〃	S'LY	3	ADVANCED ONE HOUR
01	1521	15.	L41 44N λ 155 24.7W	094	264.3	20.28	13H 02M	〃	WSW	3	
02	0523	16.	L41 23N λ 149 34W	099	209.0	19.69	10H 37M	〃	WSW	3	ADVANCED ONE HOUR
02	1600	17.	L40 51N λ 45 01W	102	262.0	20.15	13H	N'PACIFIC OCEAN	SE	5	
03	0600	18.	L39 51.7N λ 139 46.1W	106	276.5	20.11	13H 45M	〃	SE	5	ADVANCED ONE HOUR
03	1945	19.	L38 34.5N λ 133 46.1W	109	239.6	19.38	12H 03M	〃	NE	4	

04	0748	20.	L37 15.1N λ 129 00.8W	112	236.5	20.21	11.7H	〃	NNW	4	
04	1930	21.	L35 47.6N λ 124 28.6W	114	203.3	19.80	10H 16M	〃	NW	4	
05	0546	22.	L34 22N λ 120 44.3W	VAR.	134.0	19.05	7H 02M	SANTA BARBARA	NW	4	
05	1248	23.	PSBE & EOP					CHANNEL ARR.LBH.			1150 REDUCED SPEED TO RPM 781248 RSE & EOP FOR ARR. LBH.
			SUMMARY：		6188.2	19.65	315H				

(五) 經詳閱航行指南及海圖，並參考航路指引，即可在 0307 號海圖及 1009 號日本海圖上，作第一階段之初擬航程，在 Pub. No.54 號麥 氏海圖上作第二段之放洋航程，及在 Nos 18720 及 18740 美國海 圖上作第三段之航程。

1. 自高雄港 #66 碼頭駛離，至二港口迴旋池，向右轉向至 260° (T)。引水離船後，穩定航向，通過二港口防波堤。離防波堤 3 浬處，轉向 178°(T)，航駛 10 浬，至琉球嶼左正橫 5 浬處，轉 航向 143°(T)，航駛約 32 浬，轉航向 098°(T) 至鵝鑾鼻燈塔正南 方 5 浬轉航向 045°(T)。

2. 轉向 045°(T) 後，航駛 33 浬，經蘭嶼右正橫，再航駛 27 浬，保持綠島右正橫 7 浬通過，再航駛 75 浬，由龜山島左正橫 25 浬通過。航駛約 34 浬，至西表島（先島群島）北方燈塔右正橫 6 浬處 (L 24°31.6'N，λ134°46'E)，轉航向 049° (T)。

3. 轉向 049°(T)，航駛約 195 浬，久米島（沖繩群島）右正橫 25 浬通過。再航駛約 118 浬，經奄美群島西側一孤島（高 212 米）右正橫 5 浬通過。再航駛 61 浬，由奄美大島及橫檔島中間通過，並於距橫當島南方 12 浬處 (L 28°38'N，λ128°58.6'E) 轉航向 061°(T)。

4. 轉向 061°(T) 後，航駛約 612 浬，至蘭灘波島 (Inanba Sima) 左正橫 5.5 浬處 (L 33°34.1'N，λ139°20.9'E) 轉航向 069°(T)，由此點起放洋航行。

5. 以北緯 42° 為最高緯度，採混合航法，以經度 5 度區劃為麥氏航向航至美國 Santa Barbara Channel 分道航行，南水道起點 (L 34°18.5'N，λ120°31.0'W)。

6. 航近 Santa Barbara Channel 之前，可由 Loran C 及以 Pt. Conception L/H (Fl 30s，26M) 查核正確船位。進入航道起點，轉航向 106°(T)，沿分水道航駛 63 浬，通過 Anacapa Island 右正橫，續駛 3 浬 (L 34°02'N，λ119°18'W) 轉航向 120°(T)。

7. 轉向 120°(T)，航駛約 47 浬，至見綠閃光鐘浮 (Fl G Bell) 右正橫，轉航向 090°(T)，航駛約 8.5 浬至 Pt. Fermin 正南方，轉航向

072 (T)，航駛 7 浬至長堤引水站。

8. 由引水站至防波堤航向約 345°(T)，從進港浮標 (RW "LB" Mo(A) Whis Racon － · － ·) 右側通過。約 2 浬後進入防波堤，轉入西北航道，航向約 302°(T) 航駛大約 2 浬，通過狹口隨即左轉，對準碼頭航向約 255°(T)，緩慢進靠。

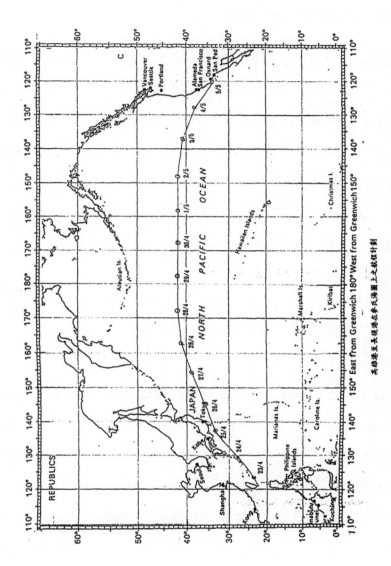

高雄港至長堤港在麥氏海圖上之航程計劃

圖 5-16

159

實例五：諾福克至直布羅陀

長信輪 (Ever Trust) 為長榮海運公司所屬之航海實習船。其主要規格如圖 5-17 所示。該輪於 6 月 15 日泊靠於 Norfolk（諾福克）預計於 6 月 27 日 0800 抵達 Gibraltar（直布羅陀），航行計劃如下：

(一) 先作航行計劃之初準備，查閱北大西洋及西地中海之相關航行指南、計劃指南、美國大西洋岸之近岸引航、六月分之北大西洋導航圖、北大西洋之協定航路，推薦航路，並將燈塔表、潮汐表備妥。由於該輪屬海事學生訓練船，航行首重安全，並兼顧學生之訓練，因此在航路選擇上，尤重安全考量。

(二) 由於長信輪，最大吃水 8.9 公尺，今查 Norfolk 及 Gibraltar 兩港所要停靠之碼頭水深均大於 11 公尺，因此開航及到達時間不受潮汐影響。

(三) Norfolk 至 Gibraltar 間之距離可由 DMAHTC Pub. No. 151 Distance Between Ports（港口間距離表）查得，其大圈距離為 3335 浬。該輪巡航速度 16 節，3335/16 ＝ 208.5（小時），即 8 日 16.5 小時。Norfolk 係在（＋）5 時區，而 Gibratar 係在 0 時區，由於時區之調整將損失 (Lose) 5 小時，因此在離開 Norfolk 至 Gibraltar 至少應使用 8 日 21.5 小時。對於此種計算最好將兩地時間均轉換為格林威治平均時 (GMT) 以使用 208.5 小時計算較不易錯誤。

(四) 欲於 6 月 27 日 0800 抵達 Gibraltar，為顧及學生之作息及進出港

作業時間、海流及其他氣象影響因素，並預留一些時間，則可計劃於 6 月 17 日 1000 啟航。這樣已預留了 17 小時，無論如何應可於 6 月 27 日 0800 前抵達 Gibraltar 並靠妥碼頭。

(五) 海圖之準備

DMA Chart 17	Great Circle Sailing Chart of the North Atlantic Ocean
DMA Chart 12	North Atlantic Ocean
DMA Chart 12253	Norfolk Harbor & Elizabeth River
DMA Chart 12222	Cape Charles to Norfolk Harbor
DMA Chart 12221	Chesapeake Bay Entrance
DMA Chart 51160	Cabo de Sao Vicente to the Strait of Gibraltar
DMA Chart 52041	Strait of Gibraltar
DMA Chart 52043	Bay of Gibraltar

圖 5-17 長信輪及其主要規格

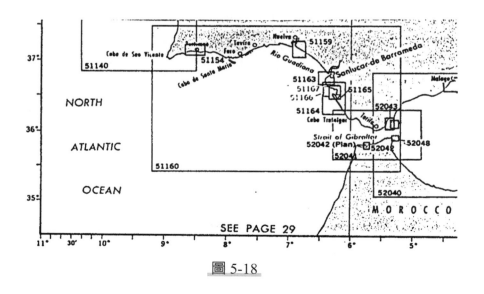

圖 5-18

(六) 可同時使用北大西洋大圈海圖及麥氏海圖作航行計劃。

　1. 由 Norfolk 出港之初啟航程計劃如圖 5-19 所示。

　2. 使用北大西洋大圈海圖將 Norfolk 與 Gibraltar 連接。並沿直線
　　每隔 10° 經度為一點，再量各該點之經緯度。如圖 5-20 所示。

　3. 使用北大西洋麥氏海圖，將上述該點之經緯度一一轉移至本圖
　　上，如圖 5-21 所示。

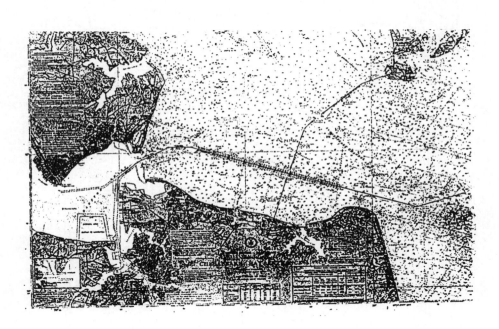

圖 5-19　由 Norfolk 出港之航行計劃圖

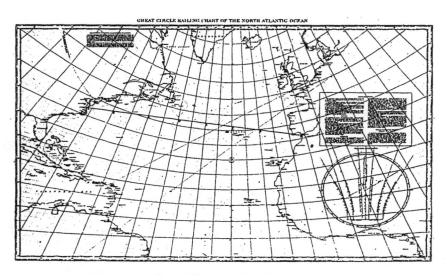

圖 5-20　北大西洋大圈海圖上之航行計劃

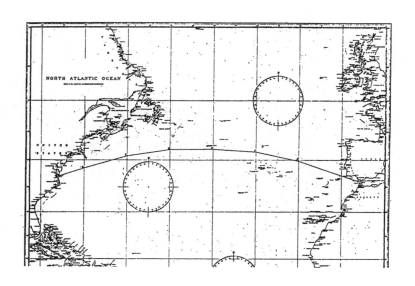

圖 5-21　北大西洋麥氏海圖上之航行計劃

4. 自 Norfolk 至 Gibraltar 間各點及各航段所採航向及預計到達該
點之時間表列如下：

Point	Latitude	Longitude	T Cn	Distance	ETA
Pier	36°57.0'N	76°20.0'W	Various	19'	-
A	36°57.0'N	76°00.0'W	072°	295'	171711Z
B	38°46.0'N	70°00.0'W	075°	465'	182041Z
C	40°40.0'N	60°00.0'W	082°	455'	201041Z
D	41°50.0'N	50°00.0'W	089°	440'	211511Z
E	42°00.0'N	40°00.0'W	094°	455'	221841Z
F	41°30.0'N	30°00.0'W	102°	465'	232311Z
G	39°50.0'N	20°00.0'W	109°	690'	250417Z
H	36°00.0'N	06°00.0'W	090°	51	262323Z
Gibraltar	35°57.0'N	05°45.0'W	-	-	270235Z

5. 整個完成之航行計劃如圖 5-22 所示。

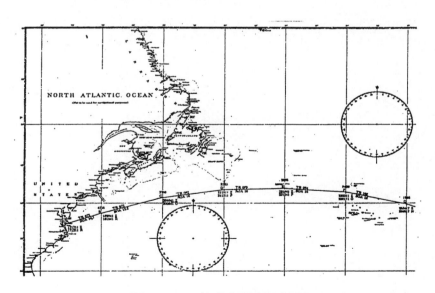

圖 5-22　完成之航行計劃圖

第六章
電子海圖顯示與資訊系統

　　隨著電腦科技之進步船舶裝置整合式駕駛台系統 (Integrated Bridge System; IBS) 與電子海圖系統 (Electronic Chart System; ECS) 或電子海圖顯示與資訊系統 (Electronic Chart Display and Information System; ECDIS)（見圖 6-1,6-2）等設備日漸增多，尤其是 ECDIS 將傳統之紙本海圖電子化儲存，並將衛星定位系統 (GPS/DGPS)、電羅經、測速計程儀、測深儀、雷達避碰系統 (ARPA) 與船舶自動辨識系統 (AIS) 等多項航行輔助系統，經由電腦整合並可從其顯示器上畫面讀出相關資訊，增加航行安全。

　　ECDIS 之引進確實對於傳統航海習慣產生相當大的影響。我們傳統之航海習慣乃是在大海上航行不斷的利用觀測天體、燈塔、浮標及岸上目標等方式來求取位置線以訂定船位，再由船位來判斷本船實際之航向、航速、是否在預定航線上，以及是否有接近航行危險等情事。然而，傳統的定位方式，往往都是在觀測天體或岸標完成當時之船位，而且是在經過描繪或計算後，數分鐘或數小時之後始能得到之定位或航進定位。現在 ECDIS 則可以很明確的在海圖畫面上提供每一秒的即時船位。

　　ECDIS 乃是指採用經由官方（水道測量機構）製作的電子海圖系統，

再連接上諸如航向、航速、測深、雷達、AIS、GPS/DGPS 及自動警報訊號
等資訊來源經由電腦運算處理之後，在電子海圖上顯示當時本船之實際位
置與周圍狀況，避免本船陷入碰撞或擱淺等危險情勢，以增加航行安全。

圖 6-1　　TRANSAS ECDIS

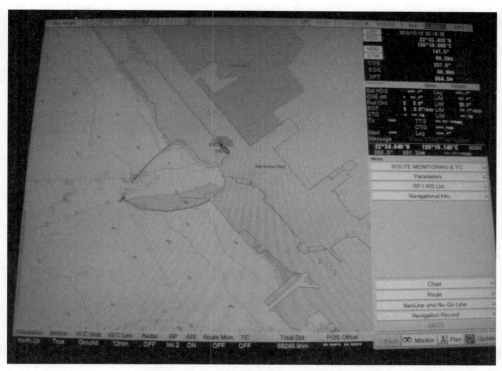

圖 6-2　　TOKYO KEIKI ECDIS

第一節　ECDIS 之適法性

電子海圖顯示與資訊系統的蓬勃發展趨勢，各個相關之國際組織及公約均對於電子海圖顯示與資訊系統做出了相關之規定，以符合保障整體之安全需求。

(一) 海上人命安全公約 (SOLAS)

首先 ECDIS 必須符合 1974 年海上人命安全公約 (SOLAS) 第五章規則

19-2.1.4「所有船舶必須攜帶足夠而且必須修正完成之海圖，以及其他航海書籍等，足夠讓預定航程完成計畫、執行並全程監控船位，安全抵達目的地。電子海圖顯示與資訊系統 (ECDIS) 如能符合本節對於海圖之要求，將可被接受」之規定。

(二) 國際海事組織 (IMO)

國際海事組織在 1995 年 11 月 23 日正式通過了關於 ECDIS 施行標準之第 A817 (19) 決議案。並對 ECDIS 之功能做出規範，以及取代紙本海圖之條件。在 1996 年再頒佈關於 ECDIS 相關支援系統之規定；又在 1998 年訂定使用光柵海圖模式之相關規定。

(三) 國際海道測量組織 (IHO)

國際海道測量組織在 1997 年公布之 S-52 刊物對於 ECDIS 顯示之畫面、顏色、符號、文字及修正等相關技術性規範，並發表經過修訂之 ECDIS 相關名詞術語。

(四) 國際電氣技術委員會 (International Electrotechnical Commission; IEC)

在 1998 年公布之 IEC 國際標準 61174 規範 ECDIS 之測試方式與要求測試之結果其標準。

第二節　ECDIS 適用之海圖系統

目前 ECDIS 所採用之經由官方（水道測量機構）製作的電子海圖系統主要有下列兩種：

(1) 光柵海圖顯示系統 (Raster Chart Display System; RCDS) 即利用光柵原理，將海圖以類似傳真掃瞄方式做成數百萬個圖像光子以數位化方式儲存，所有數據均在一個格式層面內儲存。因此，當個別海圖資料需要修正時，將會有困難，因為光柵海圖之數據檔很大。在 1998 年 12 月 IMO 通過光柵海圖顯示系統 (RCDS) 適用於 ECDIS 之施行標準；英國海道測量局 (United Kingdom Hydrographic Office; UKHO) 發行英國版的光柵海圖 ARCS (Admiralty Raster Chart Service) charts，美國 NOAA 也發行 BSB 海圖格式之 NOAA 光柵海圖，加拿大 CHS 發行 BSB 海圖格式之 NDI 光柵海圖，另外澳大利亞、冰島、巴西等國家也出版官方的光柵海圖。

(2) 向量電子海圖系統 (Vector Chart System)

向量電子海圖系統是根據國際海道測量組織 (International Hydrographic Organization; IHO) 頒佈之 S-57 格式標準，將海圖資料予以數據化處裡，並分別將圖像、符號、點、線、面、顏色以及文字等儲存於不同的檔案或層次，雖然程式製作較為複雜，然而以相同面積海圖而言，較光柵海圖顯示系統所需要之數據庫要減少許多。同時，如果需要修改個別的相關資料時，亦較為方便。

船舶裝設之 ECDIS 必須經過符合 IMO 標準之廠牌認證 (Type Approval)，在 1999 年德國船級社 (BSH) 首先發出廠牌認證，之後各個製造 ECDIS 之公司，即陸續得到各個船級社所頒發之廠牌認證。往後每年均需得到 ECDIS 海圖提供者 (Chart Provider) 所發出

之使用執照（見圖 6-3, 6-4）。

This is to certify that

Buena Suerte

is a licensed user of the Admiralty Raster Chart Service
(ARCS) for the period 01/08/2010 to 31/07/2011

Licensee	95050424
Licensee Name	Tabuchi Kaiun Co Ltd
Address	2-5 Ajigawa 3-chome, Nishi-ku
	Osaka
PostCode	5500026
Country	Japan

Mr M Robinson   CEO UKHO

ARCS comprises digital facsimile copies of Admiralty paper charts, each of which
conforms to the definition of Raster Navigational Chart(RNC) set out in IHO
publication S-61.ARCS updates are provided weekly during licence period.

圖 6-3　UKHO 發出之 ECDIS 使用 ARCS 海圖之年度執照

This is to certify that

Buena Suerte

is a licensed user of the Admiralty Vector Chart Service
(AVCS) for the period 01/08/2010 to 31/07/2011

Licensee   95050424
Licensee Name   Tabuchi Kaiun Co Ltd
Address   2-5 Ajigawa 3-chome, Nishi-ku
                Osaka
PostCode   5500026
Country   Japan

Mr M Robinson   CEO UKHO

AVCS comprises only Electronic Navigational Charts (ENCs), each of which conforms to
the definition of a nautical chart set out in SOLAS Chapter V Regulation 2.2.
AVCS updates are provided weekly during the licence period.

圖 6-4   UKHO 發出之 ECDIS 使用 AVCS 海圖之年度執照

第三節　ECDIS 之基本訓練

由於 ECDIS 之功能繁多，操作程序較為複雜，因此駕駛台之航行當值人員，實在有必要接受 ECDIS 之操作訓練。

目前生產製造 ECDIS 之廠牌頗多，諸如 TRANSAS, FURUNO, TOKYO KEIKI, TOKIMEC, MAS, KELVIN HUGHES 等，而各種廠牌之操作方式與程序略有不同，在初次操作時，務必須要能夠確認各項功能之操作方式及警示系統辨識清楚。通常初次安裝時廠商代表會將操作程序詳細說明給當值船副，以後就由船副教船副或自行看說明書操作，此種傳承方式將可能隱藏未能察覺之小誤差而導致較大的航行危險。因此在上船之前，對於 ECDIS 之認識與操作做一些基本性訓練實在有其必要性。

國際海事組織 (IMO) 為了因應 ECDIS 漸漸被廣泛使用，便制訂了操作人員訓練的典範課程 (Model Course 1.27)。同時，根據 ISM CODE Section 6.3 之規定，船東或船舶管理人應對於船上裝有 ECDIS 之船員應提供品牌訓練 (Type Training) 之機會，以便船員在上船之前對於 ECDIS 之操作已能熟練。所有參加培訓人員應對於下列各項功能達到熟練操作之要求：

(1) 實際操作系統。

(2) 手動與自動功能之轉換操作。

(3) 操作與監控警示信號。

(4) 監控與辨識系統之準確性。

(5) 瞭解系統之優點與限制。

(6) 當系統損壞時，仍能保持船舶航行安全。

澳洲政府早在 2002 年 2 月 1 日 STCW95 正式履行之日起，規定所有甲板部航行當值人員必須完成 ECDIS 基本訓練，才簽發適任證書。如今國際海事組織 (IMO) STCW/10 亦規定自 2012 年起航行當值人員均需接受 ECDIS 基本訓練，取得訓練完成證書後，始得上船服務。

第四節　ECDIS之功能

按照 IMO 公布之 ECDIS 施行標準，ECDIS 應能夠具備下列功能：

(一) 在航程開始前有航路計畫之功能 (Route Planning)

1. 航路計畫能以直線或曲線方式繪出。

2. 計畫中之備用航路也可在 ECDIS 繪出。

3. 計畫航路上的各個轉向點能夠任意增加、改變或刪除。

4. 當計畫之航路上有進入較淺水域、駛近危險區域或通過禁區邊緣時，系統會有警示訊息顯示。

5. 計畫之航路上有比較明顯之航行目標可以用來做目測定位或雷達定位者，可以賦予特殊標記。

6. 保護海圖資訊不會被更改。

(二) 在航程途中有執行及監控航路計畫之功能 (Route Executing & Monitoring)

1. 操作者能夠將目標之目測方位或雷達方位距離輸入而獲得船舶定位

或航進定位。

2. 測深儀、風速計、電羅經、測速儀、衛星定位 (GPS/DGPS)、船舶自動辨識系統 (AIS) 等航儀之數據資訊都自動接收並予以完整呈現；系統亦可接受其他手動輸入之資訊。

3. 系統能夠辨識自動接收之數據資訊與手動輸入相關數據資訊之差異性。

4. 比較自動定位系統（如GPS）所得船位與手動輸入船舶定位（如觀測方位或雷達定位），對於船位之差別。

5. 系統能夠自動按照預先設定之時間間隔，計算出流向與流速。

6. 電羅經之羅經差必須輸入以得到正確之羅經向。

7. 其他航海相關資訊諸如雷達覆蓋掃瞄，亦可同時顯現，但不得妨礙其他資訊之顯示。此種外加之資訊，如有需要刪除，應可隨時自電子海圖上移除。

8. 當船位資訊消失、船舶偏離預定航線時、船將駛近轉向點、經過或駛進危險水域時，警報系統會自動響起，以為警示。

(三) 航程記錄之功能 (Voyage Recording)

1. 自動記錄任何時間之前 12 小時內，每1分鐘間隔所記錄之船舶位置、船首向以及船速等資訊。

2. 裝設有足夠儲藏 12 小時航行與海圖資訊相關記錄之記憶體。

3. 在海圖上有使用過的資訊均予以紀錄。

4. 隨時可以將相關記錄調出檢視。

5. 無法刪除或更改已記錄之資訊數據。

6. 記錄全部航程之軌跡,同時至少每 4 小時標記一次船位。

7. 允許電源中斷 45 秒鐘仍不會造成系統當機或需要重新啟動。

第五節　使用 ECDIS 應注意之事項

(一) ECDIS 之準確性以及可信度相當高,然而,使用者必須注意電子海圖之產生來源如有錯誤,ECDIS 所顯示之資訊也是不正確的。使用時必須經常查閱比對。

(二) ECDIS 之相關修正資訊 (Update Information) 電子海圖出版機構,每週會以電子郵件方式寄給船上或由船東、代理行轉交,船上將修正資料利用 USB 輸入 ECDIS 做修正。此外,每個月或每兩個月會將修正資料彙整做成光碟片送到船上以供修正之用。

(三) ECDIS 雖然可以將雷達資訊覆蓋於海圖面,但是由於雷達掃瞄目標與海圖上之目標、岸型或船隻,偶而會有不相符合情事;而且雷達之海浪及雨水產生之雜訊也會干擾海圖畫面。因此,實用上,較少使用雷達覆蓋之功能。

(四) 雖然船上裝設有兩台各自獨立之 ECDIS 時,得以豁免攜帶紙本海圖,然而,在實用上許多船仍備有紙本近岸航行海圖。

(五) ECDIS 之操作需靠電力,必須要注意船上電機故障時之因應措施。

(六) 雖然航行當值人員均需接受 ECDIS 基本訓練,取得訓練完成證書後,始得上船服務。但是目前 ECDIS 之廠牌很多,各廠牌儀器之操作模式不盡相同。因此,初到船上服務時時必須小心確認本船之 ECDIS 之品牌、型號及操作方式。

第七章
通信與溝通

第一節　通信的定義和方法

通信是指通過各種介質將信息從一個地點、一個人或一台設備成功的交換或傳送到另一個地點、另一個人或設備的過程。由於船上的各種操作其性質不同，許多是具有特殊性甚至是臨界性操作，每項操作都需要團隊成員清楚地知道，其本身在不同操作階段的職責。因此，駕駛台通信需要具有準確性、有效性和嚴肅性，它也是使駕駛台資源被所有團隊成員充分共享的重要手段；相反地，如果在駕駛台通信過程中出現任何錯誤或障礙，都可能導致嚴重的後果。事實証明，在導致緊迫局面發生的事件中，以及在這些事件的處理過程中，船員之間的正確通信聯繫，始終是決定這些事件結局的關鍵性因素。

一、船上通信的方式及特點

(一) 語言通信

包括：面對面的語言溝通、使用對講機或公共廣播系統、VHF 電話、船內電話、聲力電話等。

優點：

1. 迅速傳達，節省時間。

2. 信息交換方便，可以立即獲得回饋。

3. 可輔以提高音調、肢體語言、姿勢等非語言溝通之技巧來加強信息之重要性。

4. 若有疑惑或接收錯誤信息，可立即澄清。

5. 一方發送，多方同時接收。

6. 通信距離可以較遠。

缺點：

1. 受外界影響諸如風雨聲、雷電聲、機械聲等，較為嚴重。

2. 有時在通信過程中信息被曲解。

3. 通信內容有時較為隨機，而且無私密性。

4. 語言信息難以長時間保留以備複查。

5. 發送者與接收者之語言操作能力，將會影響信息傳達之準確性。

(二) 文字通信

包括：航程計畫、各項查檢表、駕駛台當值常規、船長命令簿、引水卡、船長引水人交換訊息資料、駕駛台操作程序以及與船東、租船人、代理行之間來往之信文等。

優點：

1. 適於傳達複雜和難於記憶的資料。

2. 可以準確表達信息內容，不會被誤傳。

3. 內容正規而且具有一致性。

4. 通信內容可以在日後複查。

5. 利用網路系統傳達電子郵件，既快又方便。

缺點：

1. 需要事先對於溝通內容進行組織書寫和閱讀，因此要耗費較長的時間。

2. 需要接收者具有一定的閱讀能力。

3. 不能及時回饋。

4. 無法確認接收者，是否完全閱讀而且瞭解內容。

(三) 視覺通信

包括：信號旗幟懸掛、信號燈懸示、手提式信號燈以及肢體語言等。

優點：

1. 信號旗幟懸掛與信號燈懸示，均有其固定代表之意義，不會被曲解。

2. 手提式信號燈可對準收信船隻或岸台發送信文，可被立即接收。

3. 手提式信號燈對於附近之商船及漁船等，可以利用閃光燈號提醒其注意。

4. 肢體語言可利用任何身體的姿態、移動、手臂的揮舞、面部的表情和眼睛的凝視等都能反應豐富的信息，這些都是語言溝通的重要輔助手段。

缺點：

1. 信號旗幟懸掛與信號燈懸示所代表之意義，發送者與接收者均需要

查閱相關書籍，接收者可能無法立即明瞭其意義。

2. 發送距離受限，僅能在目視能及之範圍。

船上的通信無論是語言、文字或視覺通信，均可單獨或合併使用，以傳達正確信息為主要目的。

二、通信之障礙

在通信過程中所出現之任何干擾、束縛通信或降低通信有效性的現象都屬於通信障礙，包括心理與物理上之障礙。

(一) 心理上之障礙

發信者本身遇事精神緊張、害羞或信心不足，造成發送信文不完整，或者收信者緊張，以致接收不完全。欲克服此一障礙，平時需多加練習，在發送信文時，可以先打草稿作準備。

(二) 物理上之障礙

1. 發信者與接收者之距離因素，造成之通信障礙。

2. 電波傳播受環境及大氣因素影響，造成之通信障礙。

3. 天氣因素包括大風以及大雨，造成無線電對講機產生噪音或發生短路現象。

(三) 消除通信障礙之方法

遇有通信障礙發生時，應立即採取有效措施，防止通信遭受干擾或中斷現象的出現，否則，團隊工作將處於可能信息傳遞不完整或相互誤解的危險境地。消除通信障礙之方法有：

1. 加強工作語言之訓練

在船上工作的船員可能來自不同的國家度，而習慣使用各自不同的本國語言。即使他們來自同一國家，也可能使用各自地區的方言。按照「國際安全管理規則」的規定，所有船員在履行安全管理體系所賦予的職責時，應能有效使用工作語言進行交流。同時，按照「STCW 規則」的規定，不同等級的船員還應具備相應的英語運用能力，因此，英語即為船上使用之工作語言，應該加強英語之訓練，以為防止在內部通信或外部通信過程中產生溝通障礙。

2. 減少噪聲之影響

當船舶主機運轉時，船舶駕駛台的背景噪聲可能高達 60dB 以上，而拋錨時錨鏈的轟隆聲，能夠將語音完全淹沒，強風吹襲產生之風聲，也會干擾語音通信。團隊成員在這種背景條件下進行語音通信時，應特別注意噪聲對通信的影響，例如發話時，蹲下並用守護住麥克風發話等方式，運用適合不同情況的有效溝通手段，同時，收信人應在必要時，應該向發信人再確認通信內容。

3. 減少精力渙散之影響

精力渙散可能由於超負荷工作，壓力，過度疲勞，緊急情況慌亂而造成注意力不集中，另外經驗不足或盡管不危險但意外的事情出現等因素所導致分心，例如突然出現之 VHF 無線電話的呼叫，它可能吸引船長的全部注意力，從而忽略了處理其他更急迫的事件。此時，當值船副應特別注意監控船舶的運動狀態，並在必要時提醒船

長。

4. 通信設備之維護保養

平時應該按照規定對通信設備進行保養和維護，以確保其不致使通信發生雜音或中斷。包括無線電話電池的充電，打印紙的及時更換，對講機的防潮裝備以及所有必要的性能測試。

第二節　內部通信和外部通信

(一) 通信之基本原則

1. 內容的完整性，發信人能夠有時間在開始通信前，針對發送內容收集與整理相關的資訊，以確保通信能夠完整地進行。

2. 內容的有效性，在確定操作目標後，發信人只需收集必要的內容和信息而避免對時間和精力的浪費。

3. 通信內容簡潔，清楚明確，不會被曲解誤會。

4. 完全使用航海專用術語，避免冗長贅述。

5. 文字描述的駕駛台常規與船長命令簿等，以及其他相關操作程序，均應符合有關安全管理體系的國際規定。

6. 語言通信應保持和善但堅定之語氣與態度。

(二) 內部通信

1. 航前會

船舶開航前，船長應召集所有駕駛台團隊成員召開航前會，向他們

說明下列情況，並確認各成員完全瞭解及徵詢各成員之意見：

a. 航行計劃。

b. 駕駛台團隊的互動。

c. 確實遵守相關之規定。

d. 航行中可以預見的特殊狀況與應注意事項。

e. 根據整體航線的情況所訂定的標準和指南。

航前會應盡早召開以便留出足夠時間，讓團隊成員制定各自之工作計劃。如果隨後的情況發生了任何變化，船長應重新向所有相關人員通報這些變化。

經由航前會之說明，每位團隊成員都能夠清楚地了解到他們本身在整個航行計劃中的職責，並使其能夠在以團隊為基礎的有效操作環境中，善盡其職責並對其他成員盡力協助。

2. 駕駛台與機艙的聯繫

　(1) 開航前

　　　a. 船長應提前 24 小時將預計開航時間通知輪機長。如果靠港時間不足 24 小時，也應該盡早通知輪機長，以便及時將主機備便。

　　　b. 開航前 1 小時，當值船副應會同當值管輪試俥、對鐘以及測試各種航行設備，確保處於正常可用之狀態，並記錄於俥鐘簿。

　(2) 航行中

　　　a. 每日正午，駕駛台和機艙應核對船鐘，並互換填寫中午船位報

告所需要的各種數據。

b. 每班下班前，當值船副和當值管輪應互換下列應共享的信息：主機轉數、海水溫度、平均航速、當時之風向與風力等。

c. 如果需要備俥航行時，駕駛台應盡可能提前1小時通知機艙。

(3) 停泊中

輪機部若需檢修影響動俥的設備時，應事先徵得船長同意。

3. 駕駛台與船首、船尾的通信

作業開始前，負責指揮船首、船尾繫泊操作的船副應聯繫駕駛台並報告人員到齊備便，鋼絲纜、化纖纜、撇纜、引纜、止索裝置以及錨機和絞纜機等的可用情況和工作狀態。同時駕駛台也應將包括下列信息的繫泊或離泊計劃，向在船首及船尾備便的船副說明：

a. 引水人登輪裝置：包括在那一舷安放引水梯、引水梯的高度、是否需要使用組合梯以及是否使用引水人升降裝置等。

b. 拖輪的數量和拖帶作業方式。

c. 帶纜順序和完成繫泊之繫纜數量。離泊時，說明解纜順序。

d. 泊位資訊以及靠泊或離泊程序方面的詳細資料，包括調頭靠泊、倒拖航行等資訊。

在船首、船尾備便的船副，應該向也在船首、船尾備便的船員簡報繫泊計劃的具體安排，以便使所有成員都知道自己在操作過程中的具體職責。在船首、船尾備便的船副也應將操作的實際進展情況，包括拖船推頂或倒拉情形，距離碼頭浮筒或其他船舶之距離等資訊

及時報告駕駛台,直到繫泊或離泊作業順利完成。

4. 船長與駕駛員間的信息交換

   (1) 常規命令 (Standing Orders)

      船舶的指揮和控制應該按照船舶操作程序手冊中的規定進行,該手冊則應該以船公司的航行方針為基礎,並參照常規操作原則編制。船長應及時依照本人的習性與特點、船舶具體營運狀況以及當時駕駛台團隊的結構特點,編制常規命令。常規命令的執行不應與船舶安全管理體系發生衝突。所有駕駛員在開航前,都應閱讀船長的常規命令並簽字確認。其副本應保留在駕駛台以備查閱。

   (2) 夜航命令 (Night Orders)

      船長夜航命令包括了船長不在駕駛台時,為確保安全航行的各種指示。船長應該在夜航命令中,列明當值船副需要認真遵守的常規命令和特殊情況所需要的戒備,尤其應該明確告知當值船副,當其對於船舶安全產生懷疑時所應採取的措施,其中包括在那些特殊情況下應該叫船長。船長夜航命令也應由當值船副閱讀後簽字確認。

   (3) 呼叫船長

      任何時間當值船副在遇到下列情況時,應立即報告船長:

      a. 遇到或預料到能見度不良時。

      b. 對交通狀況或他船的動態產生疑慮時。

c. 對保持航向感到困難時。

d. 在預計的時間未能看到陸地、航行標誌或測不到水深時。

e. 意外地看到陸地、航行標誌或水深突然發生變化時。

f. 主機、推進機械的遙控裝置、舵機或者其他任何重要的航行設備、儀器、警報器或指示器發生故障時。

g. 無線電設備發生故障時。

h. 在惡劣天氣中，懷疑可能有天氣危害時。

i. 船舶遇到任何航行危險時，諸如可疑之海盜船、冰或海上棄船。

j. 船長在夜令簿上寫明或海圖上標明 (Call Captain) 之處。

k. 遇有其他緊急情況或對任何情事感到疑慮時。

5. 當值船副交接班事項

接班的當值船副，在接班時，其本人應先熟知以下有關情況：

(1) 船長對船舶航行有關的常規命令和其他特別指示。

(2) 船位、航向、航速和船舶吃水。

(3) 當時之天氣與海面狀況，以及預報的氣象、能見度、潮汐、海流等因素及其對航向和航速的影響。

(4) 當主機在駕駛台控制時，操縱主機的程序。

(5) 壓艙水或傾側艙 (Heeling Tank) 正在調整中。

(6) 航行現況，包括但不限於：

a. 正在使用或在值班期間，有可能使用的所有航行和安全設備的

操作狀況。

b. 電羅經和磁羅經的誤差。

c. 看到的或知道的附近船舶的位置及動態。

d. 在值班期間可能會遇到的情況和危險。

e. 由於船舶的橫搖、縱搖、海水及淡水的密度以及船體下坐而可能對龍骨下餘裕水深的影響。

交班之船副應清楚交代當班應注意事項，並在接班之當值船副表示完全掌握狀況後下班。

二、外部通信

1. 船長與引水人間的信息交換

引水人在登輪前，應與船長就下列內容達成共識：

(1) 引水人登輪時間和地點。

(2) 引水人登輪裝置：包括在那一舷安放引水梯、繩梯的離水面高度、是否需要使用組合梯以及是否使用引水人升降裝置等。

(3) 引水人登輪時，對航速和航向的要求。

(4) 需要顯示的識別信號。

除了引水卡和駕駛台張貼的船舶操縱數據資訊外，引水人登輪後還應和船長就下列信息進行溝通：

(1) 預定之航行計劃。

(2) 靠泊位置，以及靠泊完成時，與前後船之距離。

(3) 潮汐、海流、當時天氣及預報。

(4) 航行速度要求。

(5) 通航條件和操縱限制。

(6) 拖輪的數量和拖帶作業方式。

(7) 帶或解纜順序和繫泊纜數量。

(8) 航行中可能遇到的其他船舶、障礙或危險。

(9) 靠泊或離泊程序方面的詳細資料。

2. 船舶與船舶之間的通信

(1) 確認對方船舶之船名、位置、航向與航速。

(2) 說明本船之航行狀態

(3) 詢問對方船舶之航行狀態及意圖

(4) 確認雙方船舶相互通過之方式，包括加減船速、從何側追越與航
   向變換之確認等。

3. 船舶與船舶交通服務系統間的通信

   為保障船舶安全航行，船舶交通服務系統為船舶提供下列服務：

(1) 信息服務：

   獲得有關區域的基本信息，及時獲得船上的航行決策過程中，所
   需要的基本環境和交通狀況。

(2) 航行協助服務：

   促進或參與船上的航行決策過程，並監測其效果。

(3) 交通組織服務：

   通過事先的規劃和對運動目標的監測，在 VTS 區域內提供安全和

有效的交通活動，並防止產生危險局面。

(4) 參與聯合服務和相鄰 VTS 的合作：統合 VTS 的效能，協調信息
收集、評估和數據傳遞。

在船舶交通服務系統水域航行的船舶，應按照相關規定向船舶交通
服務系統報告，根據報告種類的不同，內容包括下列中的若干項
目：

(1) 船名、呼號或船舶電台識別碼和國籍。

(2) 通信的日期和時間。

(3) 船舶的位置、航向及航速。

(4) 前一個港口。

(5) 進入交通服務系統的日期、時間和位置。

(6) 目的港和預計抵達時間。

(7) 船上是否有外海或當地引水人在船。

(8) 離開交通服務系統的日期、時間和位置。

(9) 航路信息。

(10) 守聽通信台站的全稱和頻率。

(11) 下次報告時間。

(12) 以米為單位的最大靜態吃水。

(13) 貨載和危險品的概況，包括可能對人身體或環境造成危害的有
害物質和氣體。

(14) 船上的缺陷、損壞、缺失或限制。

(15) 對污染或危險品落海滅失的說明。

(16) 詳細的天氣和海面狀況。

(17) 船東的名稱及詳細資料。

(18) 船舶長度、船寬、噸位和船舶型式。

(19) 船上醫生、助理醫生或護士的數目。

(20) 船上人員總數。

4. 船舶與港口代理行之間的通信

港口代理行在接受委託後，通常會聯繫所代理之船舶，並提供下列信息：

(1) 代理公司的詳細地址、電話、傳真及電郵地址等。

(2) 辦理進口手續需要準備的文件。

(3) 引水人的安排。

(4) 泊位的安排。

(5) 本地港口的特殊規定及注意事項。

船舶抵港前，船長應向港口代理行提供下列資料：

(1) 常用的船舶規範及吃水。

(2) 辦理無線電檢疫所需要的各種資料。

(3) 有關裝卸作業順序的安排。

(4) 本船加裝燃油、柴油或淡水之要求。

(5) 本船由於特殊原因，必須指定左舷或右舷靠泊。

(6) 如有需要，請求事先安排修理主機、航儀、甲板及機艙等工程等

事項。

(7) 船舶預計抵港時間。

(8) 如有需要，安排船員上岸看病。

(9) 如有需要，安排休假船員遣返。

第三節　信息處理與溝通

一、信息之獲取與處理

信息一詞含有信文 (Message) 及情報資訊的意義。船上人員所獲取的信息包括來自船上自身運作所產生的以及來自外部的信息。船舶內部信息在航行安全中，除一般的俥令和舵令外，舉凡駕駛台資源中所產出的，包括由航海儀器如雷達資料，航海圖籍如潮汐表、海圖資料等所給出的資訊都應確實明瞭。船舶外部信息包括船與船間以及沿岸港口交管中心的通信聯絡。

單一信息接收後經有效的處理，即可轉作為對船舶安全有利的資訊。雷達螢幕中所顯現的任何資料都是信息的集合，必須加以確認與研判。沿岸島嶼間航行，若誤判雷達所對映的資料而錯繪於紙海圖上，將會造成嚴重的航行危險。對於他船、交管中心或引航員所發出的信息，必須確認並多重覆核，以免作成錯誤的執行，招致航行危險。語言信息之接收及處理關聯到語言溝通上的問題，若語言信息非屬母語或一般船上工作語言，可

能產生遺漏或誤解的情況，而這些不完整的信息極有可能影響到後續的船舶安全運作。

二、溝通與執行

溝通指有效地使用詞語並優雅地傳達某人思想和技巧的說話藝術。

由於船上的操作許多是特殊性甚至是臨界性操作，每項操作都需要團隊成員

清楚地知道各自在不同操作階段的職責。它需要有準確性、有效性和嚴肅性。如果在駕控台通信過程中出現任何障礙，都可能導致嚴重的後果。船上溝通的方式包括語言溝通、文字溝通及肢體語言溝通。欲達到有效的溝通，掌握下列原則：

(1) 確定溝通的目的

首先是能夠保證溝通的充分性，發信人能夠有時間在溝通前針對操作目標收集相關的內容和信息。其次是能夠保證溝通的有效性。

(2) 選擇有效的溝通方式

使用語言可能出現信息被曲解的情況,因此船長或引航員應養成良好的習慣。

當下達俥令或舵令時，輔以相應的手勢，使值班駕駛員或舵工更易於明確他們的意圖。另外，有時透過文字書寫傳達簡要的信息更具成效性。對於在高噪音環境中操俥手來說,他更依賴負責指揮者的手勢而不是他的口令或哨聲。

(3) 打破溝通的障礙

任何間干擾、束縛溝通或降低通信有效性的現象，都屬於溝通障礙。通信中斷會使團隊工作處於相互混淆的危險境地。造成溝通障礙的原因包括：

① 工作語言（不同國家母語,國際標準語言）

② 噪音。（主機運轉，拋錨作業）

③ 精神渙散，注意力無法集中

④ 通信設備維護不足。

(4) 執行過程的確認

信息接收後經復核、處理至完全地溝通，在執行的過程中仍需確認是否依正確方式進行，直到任務的達成。

三、混乘船員的溝通問題

組織文化是組織成長共有的價值和信念體系，這一體系在相當程度上決定了組織成長的行為。組織文化將影響船員的行為，並影響他們如何去執行工作的態度。完成任何一項任務,都需要正確的文化,並給予所有關鍵因素恰當的權重。對船舶文化意識而言，無論船長、船員或是船舶營運者，在信息 (message) 接收和資訊 (information) 的處理上，做為溝通的雙方－接收者和發送者，意識到文化意識的重要性。接受者應反覆檢核並確認由另一種文化的人發送過來的信息正確性。發送者應確信以自己的溝通方式，能真正傳達信息並了解所傳達信息的意義。

　　船長、引航員或駕駛台團隊成員，應認識到文化的異同，對於相互間交換的信息，能深刻認知、充分了解，並能正確執行。由於國際經濟和社會的變遷，商船人力資源產生區域市場的不平衡，混乘船員的組織管理是目前海運界必須面臨的課題，以及面對來自不同國家文化背景的船員，所構成的船上組織型態。對於負全權責任的船長而言，自是增加管理上的壓力。然而不同船舶營運者的組織文化，對於混乘船員的組織管理，亦會有所影響，然而最直接反映的，還是在於船長本身的管理風格與態度。

四、信息溝通不良實例研討

(1) 等候進港未明確接收信息

　　某輪到達港外等候進港，領港艇出發後與船上聯絡，說明進出港排序情況並告知必須等候出港船以及引航員大約登輪時間。船長或駕駛台信息接收者未充分明瞭信息內容，船舶直向防波堤駛近，雖經多方警示，在處理不及的情況下該船逼近堤口阻礙航道，引航員登輪候緊急處置幸未造成海事事故。

(2) 俥令舵令未安全執行及查核

　　某重載散裝船進港過程由於受到流壓致使船舶偏離航道，需用大舵角並加俥增加舵效以抑制流壓及偏轉，當引航員下達舵令及俥令時，舵工未確切執行，值班船副亦未查核，所幸引航員基於職業本能及早發現即時糾正，否則錯誤的巨大迴轉慣性將置該船於險境。

(3) 未做好資料交換溝通與確切執行

某重載石化品船進港靠泊作業，引航員登輪後依照程序與船長作成
資料交換，並詳細說明拖船如何協助靠泊作業，先推頂右船艏再至
右船艉用船上纜帶拖船，船艉先帶艉纜。該輪外籍船長由於語言溝
通不甚良好，只見他頻點頭而未知是否全然知曉。當接近船席時，
船艉未準備拖纜，先帶了倒纜，待發覺不對後又解除改帶艉纜，船
舶泊靠碼頭之態勢大亂，雖然終究安全繫靠，但是過程中的雜亂無
章與耽誤時間，都是由於船長在信息溝通方面不良與執行方面的欠
缺所造成。

第八章
引水人在船

　　引水人為具有專業知識與經驗之航海專業人員，引水人憑藉其對於港口設施、航道寬窄與水深、當地之盛行風與流水情況相當熟悉，加上其本身船舶操縱之經驗，對於船舶提供引領靠泊、移泊與離泊服務之人。一般而言，船舶雇用引水人對於船舶本身之航行安全、保障港口設施與通航船舶安全與保護海洋環境等均有相當助益。

第一節　引水人與船長之關係

引水人在船時之角色互動

一、角色地位之認知

　　國際間海上運送及海商相關事務中，對於船舶的安全及指揮權責，在法律上，其對象皆為船長一人。我國海商法第 40 條亦規定「船舶之指揮，僅由船長負其責任」。關於引水人在船的航行，STCW/78 規則 II 中亦有規定「無論引水人之職責與義務為何，其在場並不能解除船長或負責當值船副在船舶安全上應負的責任與應盡的義務。船長與引水人應彼此交換有關的航行程序，當地狀況與船舶特性之資訊。船長和當值船副應與引水人密

切合作並隨時查核船舶正確位置與動態。」

基於上述的論點，引水人在船執行領航業務時，應被認定為受僱於船長或船舶所有人，提供專業技術服務之人，因此在角色的定位上，引水人為船長在船舶操縱上的顧問 (Consultant) 或建議者 (Adviser)。其操船行為為操駛 (Conduct) 船舶，而非指揮 (Command) 船舶。

照理而言，引水人所口述的任何操船指令，應引以作為對於船長的建議，船長認為接受，再下指令給船舶屬員。然而在實務上，這一程序往往被省略或忽略了。誠然，船長亦有更正的機會與權責，但事後更正往往會造成無謂的困擾。

二、執業經驗之尊重

引水人與船長在船舶操縱的領域中，皆擁有相當經驗。引水人以其豐富的引航經驗，有效率地引領船舶安全繫泊，然而船長畢竟是最熟悉本船操縱性能之人。

在討論操船行為中，並無一特定的操船模式或一定的路徑軌跡。有時環境的影響或個人的操船習慣，同一舶舶，同一狀況，往往從 A 點到 B 點之操駛過程，未盡相同。不同引水人可能亦有不同的操船行為。船長不必要求引水人一定要按照他的操船模式進行，重要地乃在於船長應該了解「最後有沒有可能將船舶擺至安全適當的位置」即可，過多的參與行為將帶來作業上的干擾，甚而失控出事。相對地，引水人對於船長的任何疑問，均應正面接受，並予解釋以解除船長心中的疑慮。

　　船長與引水人之關係實在是非常密切而且微妙，船長雇用引水人期望借重其對於特定水域或港口地形、地勢與當地盛行風及海流、潮流狀況之熟悉及經驗，來協助引領船舶進出港口、靠離碼頭或浮筒等作業。然而，引水人雖然可能具有相當豐富之船舶操縱經驗，然而對於所引領船舶之主機、副機、俥葉、舵機、船錨與操縱慣性等各種狀況，仍然相當陌生，需要靠船長加以介紹說明。因此實務上，船長本身對於船舶之安全，必須負起完全之責任。

　　在正常情況下，引水人登輪之後，船長心理上之壓力減輕不少，在整個引航過程中，船長必須盡量配合引水人之引航作業，讓船舶能夠安全靠泊或開航。然而，基於船長必須負起安全責任，在引航作業中，船長仍應注意引水人之每一個動作與口令，一旦發覺引水人有很明顯的經驗不足或者明顯的判斷錯誤，或有其他不安全之行為，將足以使船舶陷入危險狀況時，應立即提出質疑或制止，但應注意語氣與態度，如引水人仍執意其操船模式，船長基於維護船舶安全之考量有權利及義務，將船舶指揮權自引水人手中取回或要求更換引水人。

　　船長與引水人應該保持良好且互相信任之關係，讓整個領航過程平安順利。然而，有時候當船長與引水人相互熟識，船長在引水人領航過程中，與引水人之間談話過多，尤其是當航程中曾遇到大風浪或驚險狀況，船長之過多言談，將會影響引水人無法專心引領船舶，卻又不便制止船長，此點船長應加以注意。另外，船長也應避免在引水人引領過程中，在未知會引水人的情況下，私下叫舵工加減舵角或自行加減俥葉轉數，或操作

艏側推器等事項。當引水人發現時，會認為船長對其不信任，而造成不愉快，進而影響領航品質。

第二節　引水人在船之航行計畫

完善的航行計畫並非自引水站到引水站，仍應包括引水人在船的部份，即自引水站至碼頭泊位或碼頭泊位至引水站的部分，也就是所謂的碼頭泊位到碼頭泊位的航行計畫。而且，應該全程注意引水人在引領過程中，所經過之航道與採用之航向與航速等，是否與原訂之航行計畫有所差異，詳查其差異性，並予以紀錄註明之，以為日後參考之用。

特別需要注意在運轉力受限制水域內之操船方法，以及與相關站台之通聯注意事項。拖船備便之處所，航行速度之變換，可能遇到之淺水效應，渡船航行之路線等，以及其他航程中發生之細節，均應詳細記錄。

航行計畫中亦應標明放棄點 (Abort Position) 以及緊急應變計畫 (Contingency Plan)，以免因為遇到緊急或特殊狀況發生時，而束手無策。此一放棄點以及緊急應變計畫，可以請引水人代為查閱航行計畫並提出修正意見。

第三節　引水人在船之作業

不論是強制引水區域或自由引水區域，船舶僱請引水人引領船舶航行、靠泊或離泊，引水人在船的時段共有三部分：引水人登輪、引領船舶

航行與引水人離船。

(一) 引水人登輪

船舶抵達引水站前，必須確認引水人上船時間與引水梯之安置需求，接引水人時所需保持之航向航速，以便抵達引水站時，適時做好擋浪措施，能夠讓引水人安全登輪。

引水人登輪之後，船長與引水人之間的資訊交換是非常重要而且是有其必要的。船上通常會準備引水卡 (Pilot Card)，將船上必須讓引水人瞭解的重要資料，例如：總噸位、全長、前後吃水、操船速度表、操船特性、主機種類與馬力、俥葉種類與數目等，均明列於引水卡上，在引水人進入駕駛台時，交給引水人讓其瞭解該船之概況及操縱性能。同時，船長應進一步說明當時之俥舵狀況、航向航速、當時所感受到的流水狀況、船舶之特別慣性以及其他應該讓引水人知道的特殊事項，例如船舵為 Becker Rudder 或 Schilling Rudder，或裝有 Azi-Pod 等。

引水人也應該簡述該船之航行計畫，包括目前所排定之進港或出港順序，當時之潮流情況，進港所需保持之安全航速，預定泊靠之碼頭或浮筒位置，航道水深以及大約之龍骨下餘裕水深，拖輪馬力、配置數目及位置，靠泊時之風向為向岸風或離岸風，泊位之狀況左舷或右舷靠泊，與前後船之間距，繫泊纜繩狀況等。

通常，每艘船都必須準備引水卡，各船亦均有本船之格式，甚至有船將本船之照片或特殊推進器之照片，亦附於引水卡上，其內容均大同小異，見（圖 8-1, 8-2）為單純之引水卡，另外有船將引水卡及船長與引水人

交換訊息資料，一併列出提供引水人參考及訊息交換之用，見（圖 8-3A/B/C, 8-4A/B）。在駕駛台程序指引 (Bridge Procedures Guide) 書中也有將引水卡及船長與引水人交換訊息資料列出範例以供參考，見（圖 8-5A/B/C/D）。

　　船長與引水人在簡短的資訊交換與溝通後，船長會詢問引水人【是否請你指揮航行？】，引水人同意後，船長即會宣布引水人接指揮權 (Pilot Took The Con)，當值船副在覆誦後記入航海日誌，但是船長仍應隨時注意船舶之安全。然而，假若當引水人登輪時之船舶位置距港口很近，或本船仍在繼續接近港口中，或在本船周圍航道上之交通狀況繁忙，或當時能見度受限制，或風很強、浪湧很大，或流水很強時，船長及引水人必須很專心在操船。在這種情況之下，船長與引水人的資訊交換程序，就無法做得比較完整，只能一邊操船一邊口述，相互詢答，但是仍然需要讓引水人滿意。當然，引水人不一定會將船舶各項重要資料詳記，船長或當值船副仍須注意提醒引水人。

　　引水人登輪後，當值船副應詢問引水人相關航儀與設備所需備便之狀態，諸如 VHF 備便之頻道、雷達操作模式為螢幕顯示真北向上或船首向上、真實運動或相對運動、掃瞄距離、電子海圖資訊顯示系統所需之顯示範圍、各種指示器之亮度調到引水人適宜觀看之程度等。讓引水人盡快適應駕駛台之狀態，當引水人見到船上駕駛台團隊準備完善，對於引領該船會更有信心。有時引水人適時針對船舶操縱性能提出相關問題，諸如打倒俥時，船首偏轉狀況，艉側推器之使用限制等，表示引水人用心於本船狀

況，亦可以增加船長對引水人的信心。

(二) 引領船舶航行

在引水人引領過程中，引水人對於必須加減艏向及船速，以對抗風流之影響，應簡單的向船長解釋。駕駛台團隊對每位成員均應注意引水人所下達之口令與指示，並適時覆誦。船長在覆誦俥舵令時，最好加上手勢動作，可以讓當值船副或操舵人員，很清楚操船指示而不會弄錯。當值船副仍應保持船位之測定，注意實際船位與計畫航路之船位是否有差別，觀察船速狀況，注意測深儀之讀數變化，保持瞭望並適時提供引水人相關訊息，對內及對外的無線電通訊也要注意守聽，全程保持高度的情境認知度。

另外，船長或當值船副對於引水人之意圖或操船方式有任何疑問，除非船長認為自己瞭解並可以解決問題之外，發現任何問題均應立即提出質疑，但應注意保持良好態度與自信，畢竟船舶之安全責任仍是由船長負責。

(三) 引水人離船

當船舶靠泊完成時，引水人應將本港之泊港船隻應該注意之事項清楚交代，諸如：纜繩繫帶數目與風力加強時，如何加強繫泊纜，潮差狀況，位於航道邊過往船隻較多之泊位，如何注意防止纜繩被航行船舶之吸排流衝斷等；此外，若遇有緊急事件發生時，應如何處理及利用 VHF 通報之頻道，均應詳細告知船長。

船舶出港時，在引水人下船之前，引水人應將目前在港外等待進港

船舶數目與位置或即將抵達引水站之船舶，應如何聯絡及如何保持相互安全通過等狀況，港外流水之流向流速情況，港口或航道附近之淺礁位置，VHF 無線電守聽頻道，本船應該向船舶交通服務系統 (VTS) 報告之時機及事項，以及可供定位參考之疊標，或其他明顯之導航標誌等，能夠被利用來觀測以辨識船位是否偏離航道，都應該清楚詳細的告知船長，然後，再徵詢船長是否已掌握狀況，經船長同意後，引水人才能離船，讓船舶能夠安全的駛離港口。

Pilot Card

Vessel Name: *R/V Roger Revelle*

Master: _____

Call Sign: *KAOU*

Navigation Draft: _____

Length: *273.7' / 83.42 meters*   **Beam:** *52.5' / 16.0 meters*

Displacement: *3512 T*

Tonnage: *3304 GT (U.S.), 3180 GT (International)*

Propulsion: *2 Z-Drive stern thrusters, 360 degree azimuth, 3000HP each*

Bow Thruster: *Water jet gill thruster, 360 degree azimuth, 1180HP*

Engine Configuration: *Diesel Electric, 6 Caterpillar engine/generators*

Maximum Speed: *14 Kts*   **Cruising Speed:** *12 Kts*

Minimum Steerage Speed: *0 Kts – variable, any direction*

Bridge Equipment:

- *VHF radios (2)*
- *HF radios (2)*
- *Digital Fathometer*
- *X band & S band radars, touch screen ARPA*
- *Doppler Speed Log and depth indicator*
- *AIS*
- *Simrad Navigation computer with electronic charts*
- *P Code and Differential GPS receivers*

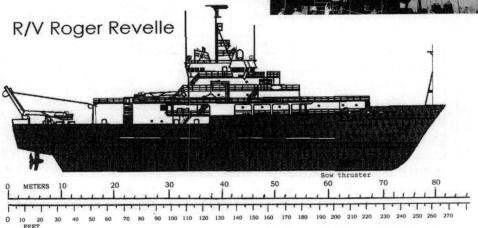

圖 8-1　Roger Revelle 輪之引水卡

註：此船俥葉特殊為雙俥 Azi-Pod 型式，故特別照相放在引水卡上供引水人參
　　考。

PILOT CARD **BRIDGE & DECK PROCEDURES**

VESSEL : **OOCL HOUSTON**	CALL SIGN : **VRDE7**	YR BUILT: **2007**
LT DISPLC : **16,615.30** M/T	DWT : **50,633.50** M/T	DISPLC **67,248.80** M/T
G.R.T. : **40,168**	N.R.T. : **24,458**	I.M.O. No **9355757**
DRAUGHT FWD : ___ M ___ FT ___ IN		DRAUGHT AFT : ___ M ___ FT ___ IN

SHIP'S PARTICULARS

LENGTH OVERALL **260.000** M	ANCHOR CHAIN POR **11** SHACKLES
BREATH **32.25** M	ANCHOR CHAIN STBI **11** SHACKLES
BULBOUS BOW **YES**	1 SHACKLE **27.4 M / 15** FATHOMS

260 67.7 m 192.30 m 32.25m Parallel Waterline Loaded ___ m Ballast ___ m

AIR DRAUGHT ___ M ___ FT ___ IN 57.908m

TYPE OF ENGINE **DOOSAN MAN B&W 8K90MC-C** MAX POWER **36,560** KW **49,600** HP

TYPE OF PROPELLEF **6-bladed, Solid, Fixed Pitch, Right Turn**

MANOEUVRING ENGINE ORDER	RPM	SPEED LOADED	SPEED BALLAST
FULL AHEAD	70	17.2	18.8
HALF AHEAD	60	15	16.7
SLOW AHEAD	45	11.7	13.6
DEAD SLOW AHEAD	35	9.6	11.6
DEAD SLOW ASTERN	35	ASTERN POWER ___ %AHEAD	
SLOW ASTERN	45	TIME LIMIT ASTERN -- MIN	
HALF ASTERN	60	FULL AHEAD TO FULL ASTERN **240** SEC	
FULL ASTERN	70	MAX. NO. OF CONSEC. START: **12** TIMES	

NOTICE REQUIRED TO REDUCE FROM SEA SPEED TO FULL MANOEUVRI **30** MIN

CRITICAL RPM ---	MIN. RPM **35** **9.6** KNOTS	
TYPE OF RUDDER :	MAX. ANGLE : **35** DEG	HD/OVER TO HD/OVER **28** SEC
BOW THRUSTER **1600** KW **2,144** HP		

CL-006B Issue No.: 01/02

圖 8-2　OOCL Houston 輪之引水卡

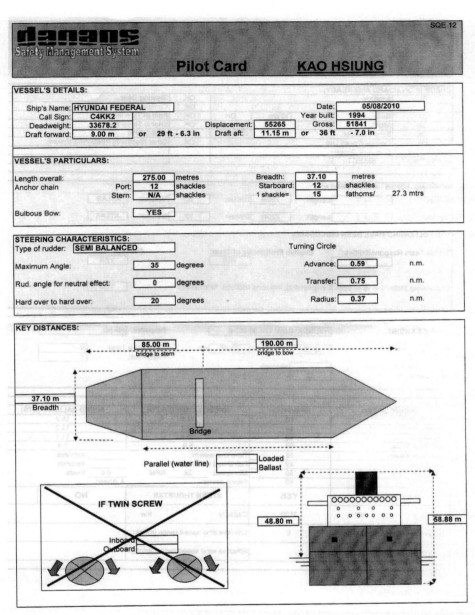

Pilot Card   **KAO HSIUNG**

VESSEL'S DETAILS:

Ship's Name: HYUNDAI FEDERAL
Call Sign: C4KK2
Deadweight: 33678.2
Draft forward: 9.00 m   or   29 ft - 6.3 in
Date: 05/08/2010
Year built: 1994
Displacement: 55265   Gross: 51841
Draft aft: 11.15 m   or   36 ft   - 7.0 in

VESSEL'S PARTICULARS:

Length overall: 275.00 metres
Anchor chain   Port: 12 shackles
Stern: N/A shackles
Breadth: 37.10   metres
Starboard: 12 shackles
1 shackle= 15 fathoms/   27.3 mtrs

Bulbous Bow: YES

STEERING CHARACTERISTICS:
Type of rudder: SEMI BALANCED

Maximum Angle: 35 degrees
Rud. angle for neutral effect: 0 degrees
Hard over to hard over: 20 degrees

Turning Circle

Advance: 0.59   n.m.
Transfer: 0.75   n.m.
Radius: 0.37   n.m.

KEY DISTANCES:

85.00 m   bridge to stern
190.00 m   bridge to bow

37.10 m   Breadth

Bridge

Parallel (water line)   Loaded   Ballast

IF TWIN SCREW

Inboard
Outboard

48.80 m   58.88 m

圖 8-3A   Hyundai Federal 輪之引水卡及船長與引水人交換訊息資料

SQE 12

danaos
Safety Management System

Pilot Card   KAO HSIUNG

CHECK IF ON BOARD AND READY:

OK	Anchors				OK	Steering Gear
OK	Whistle				OK	Compass System
OK	Radar 3cm	OK	10 cm	OK	OK	Rate of Turn Indicator
OK	ARPA				OK	Engine Telegraphs
OK	Echo Sounder				OK	GPS/DGPS
OK	Doppler Speed Log				OK	Other Electronic Positioning System:
OK	Dual Axis Doppler					
Bottom Track?	SELECT					

MOORING ROPES - ARRANGEMENTS

Number:	4 2	Length:	220m	Circum.:	10'	Material:	ATLAS
Number:	4 2	Length:	220m	Circum.:	10'	Material:	ATLAS

THE FOLLOWING HAVE BEEN DISCUSSED:

Bridge Team Responsibilities:	English Proficiency of Crew:	Passage Plan:
YES	YES	YES

Engineering Status (i.e. Is all deck & engineering, including backups, functional?):   YES

TYPE OF ENGINE: HYUNDAI B&W 12K 90 MC-6   Propeller: FIXED

Maximum power:	49.338 KW	67080 HP	Controlable Pitch:	N
			Fixed Pitch:	Y

Engine order delay: seconds
Maximum starts: 12

ENGINE ORDER	RPM/PITCH	SPEED LOADED (KTS)	SPEED BALLAST (KTS)
Full Ahead	60	14.9	15.9
Half Ahead	50	12.4	13.2
Slow Ahead	42	10.4	11.1
Dead Slow Ahead	28	6.9	7.4
Dead Slow Astern	35	Time limit astern:	mimutes
Slow Astern	42	Full ahead to full astern:	seconds
Half Astern	50	Min.speed: 28 RPM	6.9 Knots
Full Astern	60	Astern power:	& Ahead

BOW THRUSTER	YES	STERN THRUSTER	NO
Capacity HP	2500	Capacity Kw	
Effective ship speed range (knots)	5	Effective ship speed range (knots)	
Effective wind speed range (knots)		Effective wind speed range (knots)	

圖 8-3B　Hyundai Federal 輪之引水卡及船長與引水人交換訊息資料

---

danaos
Safety Management System

SQE 40A

PILOT EMBARKATION / DISEMBARKATION (INBOUND)

Vessel ID: 56   Date: Inbound   05/06/2010   Time: Inbound

From: P/S   To: BERTH

	Check
1- Has Engine Room been advised of ETA / ETD	
2- Has Pilot Station been advised of ETA / ETD	
3- Embarkation / disembarkation side advised	
4- Are embarkation/disembarkation arrangements ready for use	
5- Where embarkation / disembarkation involves the use of a helicopter, the guidance in the ICS Guide to Helicopter/Ship Operations on marine pilot transfer, communications and ship operating procedures should be followed.	

Remarks:
1-   Mark with X columns 1 to 5 as applicable

Officer of the watch

MASTER - PILOT INFORMATION EXCHANGE

	Check
1-Hand to the pilot a completed pilot card (see Form SQE 12 - Pilot Card)	
2-Agree with pilot the intended Passage Navigation Plan	
3-Check with the pilot berthing arrangements, anchorages including emergency, tide, currents, weather forecast/limitations	
4-Agree with the pilot speed required for passage	
5-Check with the pilot expected traffic passing/overtaking restrictions	
6-Agreed with the pilot positions to meet/release tug, position to embark/disembark port/sea pilot	
7-Check with the pilot other obstructions, NAVAID problems, special requirements	
8- Monitor the progress of the ship and the execution of orders together with the watch officer	

Remarks:
1- Mark with X columns 1 to 8 as applicable with ballpen.
2- After complete Checklist is signed by all concerned File in -B02
3- In case Pilot refuses, then mark "refuse to sign"
4- In case of multiple Pilots prepare additional forms

———————   ———————
Master   Pilot

REV.00   FILE B-02

圖 8-3C   Hyundai Federal 輪之引水卡及船長與引水人交換訊息資料

NYK SHIPMANAGEMENT PTE LTD　　Pilot Card　　<S-072003-01FRM>　　　　(Rev: 2008/08/31)

DEPARTURE　　　　**PILOT CARD and MASTER-PILOT INFORMATION EXCHANGE**

Port : _____　Date : _____　Pilot's Name : _____

PART A : SHIP'S PARTICULARS (fixed/permanent data)

Ship's name　　M/V NYK ATLAS　　　　　　　　　　IMO No. __9262728__

Call sign　__H8TS__　　LOA　__299.90m__　　Breadth　__40.00m__　Year built　__2004__

GRT　__75,519__ M/T　Deadweight　__81,171__ M/T　Summer Displ.　__108,184__ M/T

Anchor chain: Port 13 shackles, Stbd 13 shackles, Stern_____shackles　(1 Shackle= 27.5 m / 15 fathoms)

Distance Bridge: to bow 225.52　m, to stern 74.38　m　Bulbous bow: YES / NO

Thruster : Bow __3300__ kw (__4400__ HP),

Rudder Type _____, Max. angle __35__, Number of rudders __1__ Hard-over to hard-over 16 sec

Rudder angle for neutral effect _____NIL_____ Type of Steering Gear : __ELECTRIC HYDRAULIC__

Number of Propellers __1__ Propeller Turn : RIGHT / LEFT,　　Controllable Pitch : YES / NO

Type of engine　__OU-SULZER 12RTA96C__ Maximum power __61, 350__ kw (__83,412__ HP)

Maneuvering Engine order	Rpm/pitch	Speed Loaded	Speed Ballast
Full ahead	42	12	12.4
Half ahead	35	10	10.5
Slow ahead	28	8	8.5
Dead slow ahead	21	6	6.4

Maneuvering Engine order	Rpm/pitch	
Dead slow astern	21	a. Time limit for ME to run continuously astern __7-16__ min
Slow astern	28	b. Time taken: Full ahead to full astern __180-720 sec__ c. Max. no. of consecutive starts __13 Times__
Half astern	35	d. Minimum RPM __18.9__ knots
Full astern	42	e. Critical RPM : From ____53____ to ____58____

f. Astern power __50__ % of ahead power(full astern)
g. Astern power __72__ % of ahead power(crash astern)

(Obtain items 'a' to 'e' from sea trial booklet, item 'f' for diesel engines may be estimated by experience and 'rule of thumb')

PART B - 1 : SHIP'S CONDITION: (voyage-specific data, to be filled-in for each maneuver)

Draught:　Fwd ▌▌▌m/▌▌▌ft▌▌in, Aft: ▌▌▌m/▌▌▌ft▌▌in, Mid-Ship: ▌▌▌m/▌▌ft▌▌in,

Displacement ▌▌▌▌▌▌M/T

PART B - 2 : SHIP'S READINESS : (voyage-specific data, to be filled-in for each maneuver)

Check and Confirm following tested and in readiness and in good working order as applicable:

Anchors, Windlass, Winch ☐　　　　　　　　　　Steering gear ☐
Whistle ☐　　　　　　　　Number of power units operating ☐
Radar / ARPA #1 __10(S)__ cm ☐　Indicators : Rudder ☐
Radar / ARPA #2 __3 (X)__ cm ☐　　ME Rpm/Pitch ☐　　Rate of Turn ☐
Radar / ARPA #3 __NA__ cm ☐　　　Speed log ☐　　　Doppler : Yes/No
VHFs ☐　　　　　　　　　Water speed ☐　　Ground speed ☐
M/E run ahead / astern ☐　　　　Dual-Axis ☐
Engine Telegraphs ☐　　　　　Compass System ☐　　*Constant Gyro Error
Echo sounder ☐　　　*(Gyro Error)=(Gyro Bearing)-(True Bearing)<Ex: Gyro 240° True 242° : Gyro Error -2° >
Bow Thruster ☐　　　Elec. Pos. Fix. System ☐　Type __DGPS x 2__
Flags, Day signal Lamp, Shapes ☐　　　**AIS ☐

**AIS power output: (Arrival in port limits = Reduce) / (Departure from port limits = Increase)

　　圖 8-4A　　NYK Atlas 輪引水卡及船長與引水人交換訊息資料

NYK SHIPMANAGEMENT PTE LTD   Pilot Card   <S-072003-01FRM>   (Rev: 2008/08/31

PART C: Local conditions and special information (voyage-specific data, to be filled-in for each maneuver)
Vessels must attempt to obtain as much of the following data as is possible; by discussion with the Pilot.
However, **it is understood that traffic & maneuvering situations and time in hand may not always allow a complete review.**
Therefore the extent of information recorded in this part is at the Master's discretion, as best suitable to the prevailing circumstances.

Weather:
(1) Wind:_____   (2) Current:_____

(3) Sea & Swell:_____   (4) Visibility:_____

(5) Changes in the effect of **(1) & (2)** on the vessel, when ever courses are altered, with special emphasis to cross-track drift of the vessel.

1.Approach plan & Berthing/mooring/anchoring layout; Tugs, mooring boats to be used; cautionary positions where special care may be required (sketch if possible or attach Pilot's sketch if provided):

_____

_____

_____

_____

Others:
  1. **Contingency Plan** by Vessel and Pilot, in case of **FAILURE** of M/E, Bow Thruster and Steering.

_____

_____

_____

  2. Special limitations or malfunctions of relevant equipment/machinery (if any):
New local hazards, reporting regulations etc.:

Master _____D/O _____(Pilot – optional)_____

圖 8-4B   NYK Atlas 輪引水卡及船長與引水人交換訊息資料

A1 SHIP-TO-SHORE: MASTER/PILOT EXCHANGE

SHIP IDENTITY

Name [　　　　　　　　] Call sign [　　　　　　] Flag [　　　　　]

Ship's agent [　　　　　　] Year built [　　　　　] IMO No [　　　　]

Cargo type [　　　　　　] Ship type [　　　　　] Last port [　　　　]

ADDITIONAL COMMUNICATION INFORMATION

Fax [　　　　　　　] Telex [　　　　　　] Other [　　　　　　]

PILOT BOARDING

Date/ETA [　　　　　　　　　　　　] (UTC/LT) Freeboard [　　　]

Boarding station (if there is more than one) [　　　　　　　　　　]

SHIP PARTICULARS

Draught fwd [　　　　] Draught aft [　　　　] Draught amidships [　　　] (salt water)

Air draught [　　　　] Length [　　　　] Beam [　　　　]

Displacement [　　　　] Dwt [　　　　] Gross [　　　　] Net [　　　　]

ANCHORS

Port anchor [　　　　] Stbd anchor [　　　　] (length of cable available)

MANOEUVRING DETAILS AT CURRENT CONDITION

Full speed [　　　　] Half speed [　　　　]

Slow speed [　　　　] Min. steering speed [　　　　]

Propeller direction of turn [left / right] Controllable pitch [yes / no]

Number of propellers [　　] Number of fwd thrusters [　　] Number of aft thrusters [　　]

MAIN ENGINE DETAILS

Type of engine [motor / turbine / other 　　　　]

Max. number of engine starts [　　　] Time from full ahead to full astern [　　　]

EQUIPMENT DEFECTS RELEVANT TO SAFE NAVIGATION

[　　　　　　　　　　　　　　　　　　　　　　　　]

OTHER IMPORTANT DETAILS e.g. berthing restrictions, manoeuvring peculiarities

[　　　　　　　　　　　　　　　　　　　　　　　　]

圖 8-5A 船長與引水人交換訊息資料

A2 SHORE-TO-SHIP: PILOT/MASTER EXCHANGE

SHIP REQUESTING PILOTAGE DETAILS

Ship Name [＿＿＿＿＿＿＿＿＿＿＿＿＿＿＿] Call sign [＿＿＿＿＿＿＿]

ORIGINATING AUTHORITY

Contact name [＿＿＿＿＿＿＿＿＿＿＿] VHF channel [＿＿＿＿＿＿]

Other means of contact [＿＿＿＿＿＿＿＿]

PILOT BOARDING INSTRUCTIONS

Date/arrival time at pilot boarding station [＿＿＿＿＿＿＿＿＿＿＿] (UTC/LT)

Position pilot will board [＿＿＿＿＿＿＿＿＿＿＿＿＿]

Embarkation side [port / starboard / TBA] Approach course and speed [＿＿＿＿＿]

Requested boarding arrangement [＿＿＿＿＿＿＿＿＿＿]

BERTH AND TUG DETAILS

Intended berth and berthing prospects [＿＿＿＿＿＿＿＿＿＿＿＿]

Side alongside [port / starboard] Estimated transit time to berth [＿＿＿＿]

Tug rendezvous position [＿＿＿＿＿＿＿＿＿＿] Number of tugs [＿＿＿]

Tug arrangement [＿＿＿＿＿＿＿＿＿] Total bollard pull [＿＿＿]

LOCAL WEATHER AND SEA CONDITIONS at the pilot boarding station on arrival

Tidal information [＿＿＿＿＿＿＿＿＿＿＿＿] (heights/times)

Expected currents [＿＿＿＿＿＿＿＿＿＿＿＿＿＿＿]

Forecast weather [＿＿＿＿＿＿＿＿＿＿＿＿＿＿＿]

DETAILS OF THE PASSAGE PLAN including abort points/emergency plans

[＿＿＿＿＿＿＿＿＿＿＿＿＿＿＿＿＿＿＿＿＿＿＿＿＿＿＿]

REGULATIONS including VTS reporting, anchor/look-out attendance, max. allowable draught

[＿＿＿＿＿＿＿＿＿＿＿＿＿＿＿＿＿＿＿＿＿＿＿＿＿＿＿]

OTHER IMPORTANT DETAILS including navigation hazards, ship movements

[＿＿＿＿＿＿＿＿＿＿＿＿＿＿＿＿＿＿＿＿＿＿＿＿＿＿＿]

圖 8-5B　船長與引水人交換訊息資料

A3 PILOT CARD

SHIP'S PARTICULARS

Name [   ]   Call sign [   ]

Displacement [   ] (tonnes) Deadweight [   ] (tonnes) Year built [   ]

Length OA [   ] (m) Breadth [   ] (m) Bulbous bow [yes / no]

Draught fwd [   ] (m) Draught aft [   ] (m) Draught amidships [   ] (m)

Port anchor [   ] (shackles) Stbd anchor [   ] (shackles) (1 shackle=27.4 m/15 fathoms)

```
         ─── m ───                    ─── m ───
                                           ─── m ───

m                          ⊕ ⊕ ⊕
                           Manifold

        ── Parallel W/L ──
           Loaded      m
           Ballast     m
                              Air
                              draught
                                    ──── m
                                    ── ft    in ──         m
```

ENGINE

Type of engine [   ] Maximum power [   ] (kW) [   ] (HP)

	rpm/pitch	loaded speed	ballast speed
Full ahead	[ ]	[ ] (kts)	[ ] (kts)
Half ahead	[ ]	[ ] (kts)	[ ] (kts)
Slow ahead	[ ]	[ ] (kts)	[ ] (kts)
Dead slow ahead	[ ]	[ ] (kts)	[ ] (kts)
Dead slow astern	[ ]		
Slow astern	[ ]		
Half astern	[ ]		
Full astern	[ ]	[ ] (% of full ahead power)	

Engine critical rpm [   ] Maximum number of consecutive starts [   ]

Time full ahead to full astern [   ] (sec) Time limit astern [   ] (min)

圖 8-5C 引水卡

216

STEERING

Rudders [ ] (number) [ ] (type) [°] (maximum angle)
Time hard-over to hard-over [ ] (sec)
Rudder angle for neutral effect [°]
Propellers [ ] (number) Direction of turn [left / right]
Controllable pitch [yes / no] Thrusters [ ] (number)
Bow power [ ] (kW/HP) Stern power [ ] (kW/HP)
Steering idiosyncrasies [ ]

EQUIPMENT CHECKED AND READY FOR USE

Anchors		Cleared away [yes / no]
Whistle		
Flags		
X-Band radar		ARPA [yes / no]
S-Band radar		ARPA [yes / no]
Speed log		[water / ground] [single axis / dual axis]
Echo sounder		
Electronic position-fixing		Type [ ]
Compass system		
Gyro compass error	°	
Steering gear		Number of power units in use [ ]
Rudder/RPM/ROT indicators		
Engine telegraphs		
VHF		
Mooring winches and lines		

EQUIPMENT OPERATIONAL DEFECTS

[ ]

OTHER IMPORTANT DETAILS

[ ]

Master's name: .... Date: ....

Reference: IMO Resolution A.601(15) Provision and display of manoeuvring information on board ships

BRIDGE PROCEDURES GUIDE 81

圖 8-5D　引水卡

第四節　引水人與駕駛台團隊

　　駕駛台團隊成員在引水人登輪時，即應很禮貌的護送引水人安全抵達駕駛台，船長與引水人在很輕鬆愉快的氣氛下完成資訊交換，同時，船長必須很誠實的將本船的特別需要注意的事項，向引水人說明清楚，例如：航程中主機曾經發生故障，發電機有問題，倒俥啟動比較慢或無力，舵機有問題以致舵角回應比較慢，啟動空氣不足等。讓引水人預先採取相應措施，保障船舶安全。

　　駕駛台內之航海儀器準備妥當，VHF 頻道備妥，舷窗清洗乾淨，引水人使用之望遠鏡備妥，駕駛台兩舷外側清洗乾淨等。另外，引水人用之救生衣存放位置與救生部屬位置等，均需告知引水人，以備在萬一發生緊急事故時可用。駕駛台團隊所做各種措施，可以讓引水人感覺自己成為駕駛台團隊的一份子，在很愉悅的環境下操船，的確可以提高操船品質。但是，引水人並無義務成為駕駛台團隊之成員。

第九章
潛在危機及因應

　　吾人皆知，船舶各有其特性，但若說船舶亦呈顯其人性化表徵，則難免有人會懷疑。然事實上，如果注意到，船員愛乾淨，船就會保持整潔；船員經常更換且不做正式交接，當操作不熟練時，運作就會沒有信心；飲酒生氣的船長，操船方面就會顯得粗糙。這些整體船員的反應會讓船舶擬人化，船員的性格會在船舶運作上展露無遺。因此在討論船舶危機之同時，就危機發展之特性；船員之心理；船舶運作時各個介面以及甲板和機艙基本特性之不同，必需作深入的考量。一旦狀況到了最後階段，船上人員亦應知道如何妥善處理。

第一節　危機前段分析

1. 狀況擴散之模式：

　　首先假設有許多區塊，其分佈有如棋盤或同心圓或蜂巢，而且假設每一區塊為均質，並忽略掉擴散時，逐漸放大所增加速度之可能，當狀況由小變大，由一變多時：

(1) 以棋盤直覺法：當狀況發生於其中之一個區塊時，如圖 9-1 所示，

它會從 1 到 8，再到 16，最後到 24，32 個區塊，結果五個階段總數達 81 個區塊會被影響到：

5	5	5	5	5	5	5	5	5
5	4	4	4	4	4	4	4	5
5	4	3	3	3	3	3	4	5
5	4	3	2	2	2	3	4	5
5	4	3	2	1	2	3	4	5
5	4	3	2	2	2	3	4	5
5	4	3	3	3	3	3	4	5
5	4	4	4	4	4	4	4	5
5	5	5	5	5	5	5	5	5

圖 9-1　棋盤直覺式影響區塊

(2) 棋盤觸面式：它會從 1 到 4，再到 8，到 12，到 16，到 20，到 24，七個階段總數達 85 個區塊會被影響到；如圖 9-2 所示。

						7						
					7	6	7					
				7	6	5	6	7				
			7	6	5	4	5	6	7			
		7	6	5	4	3	4	5	6	7		
	7	6	5	4	3	2	3	4	5	6	7	
7	6	5	4	3	2	1	2	3	4	5	6	7
	7	6	5	4	3	2	3	4	5	6	7	
		7	6	5	4	3	4	5	6	7		
			7	6	5	4	5	6	7			
				7	6	5	6	7				
					7	6	7					
						7						

圖 9-2　棋盤觸面式影響區塊

(3) 同心圓擴散法：以圓之直徑為 1，2，3，4，5 之等量增加，它會以 1πr，3πr，5πr，7πr，9πr，11πr，成等差級數加大其面積，結果六個階段總面積有 36πr 個區塊會被影響到。

(4) 蜂巢式：區塊分佈，如圖 9-3 所示，它會以 1，6，12，18，24，30 的方式進行，結果六個階段總數達 91 個區塊會被影響到。

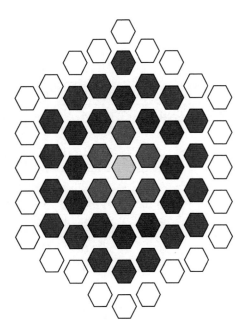

圖 9-3　　蜂巢式影響區塊

上述各模式之擴散速度分析如下：

模式甲中之單一區塊擴散速度以t時間內完成時，由第一階段到第二階段則為 8t，第二階段到第三階段則為 2t，第三階段到第四階段則為 1.5t，第四階段到第五階段則為 1.33t；

整個階段需要 13.83t 之時間。

模式乙中之單一區塊擴散速度以 t 時間內完成時，由第一階段到第二階段為 4t，第二階段到第三階段為 2t，第三階段到第四階段為 1.5t，第四階段到第五階段為 1.33t，第五階段到第六階段為 1.25t，第六階段到第七階段為 1.2t。

整個階段需要 12.28t 之時間。

　模式丙中之單一區塊擴散速度以t時間內完成時，由第一階段到第二階段為 3t，第二階段到第三階段為 1.67t，第三階段到第四階段為 1.4t，第四階段到第五階段為 1.29t.第五階段到第六階段為 1.22t。

整個階段需要 13.08t 之時間。

　模式丁中之單一區塊擴散速度以t時間內完成時，由第一階段到第二階段為 6t，第二階段到第三階段為 2t，第三階段到第四階段為 1.5t，第四階段到第五階段為 1.33t，第五階段到第六階段為 1.25t。

整個階段需要9.58t之時間。

　從圖 9-4（縱座標為時間，橫座標為影響區塊）可看出事件發生之初階段需時甚快，因此對危機早些行動是有絕對正面的抑制作用。

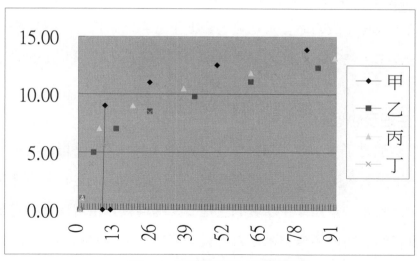

圖 9-4　事件發生之初階段

應付危機則在於不斷的將狀況拘限在一個範圍內，或是將狀況推往邊角，會讓危機區塊回歸至一或被限制發展，但是管理者往往會有所誤判，認為危機還在控制範圍，或在原始區塊之內，尚未擴散，那就非常不幸了。

2. 船員之心理層面

在因應船舶狀況，船員的心態很重要，船員的心理不同一般岸上的工作者，由於工作上及生活上有兩極化之傾向，平時十分安閒，風平浪靜；有狀況時，精神緊繃，靠港補給後，飲食較奢侈，久航後，又相當節約；因此船員存在著下列現象：

(1) 軍人的心態：

他們服從上級的口頭命令，基本上不會違抗，接受度很高；除非他們做不到，或是上級的命令有缺陷，否則不會與之對抗，因為他們充分了解任務的需求，往往跟自己的性命有密切關係，而不是只有生計的單純問題。

(2) 生理及心理上之需求：

因此當船靠了岸，自然有對異性之強烈需求，或者是藉通信設備及郵件關心一下家人，更或者當碼頭距離家不遠，想要返家看看，這都是人之常情；因此當船一旦靠岸，船員的生理及心理均會有相當程度的亢奮，能不能達到目的，對於領導統御是有極大之影響的；相當的例證顯示，在船上失望的心情會造成自殺，殺人，抗命等非常理的舉動，危機於焉發生。

(3) 囚犯心態：

他們在船上工作與社會隔離，與家庭隔離，即便是在利用科技產品和人溝通也比犯人見客的格局要差，犯人可以隔著玻璃彼此看見，然船上衛星電話卻所費不貲。而且當船隻靠岸，船員可以下地時，他們寧願花錢在岸上吃飯喝酒，卻不願意在船上享受免費的餐飲。儘管如此，但船舶在危機時分，他們將盡可能的保護這艘船，因為那是他們的生計與生命所在。

因此船員們在同舟共濟，生命與共的心態下應付危機，不太講究禮節，一切以實際為準，所以狀況愈大，要求命令貫徹就愈不是問題。有問題者，在於反應之速度及決策之品質。

當船上人員工作不能協調，彼此心存芥蒂，紀律渙散，必然造成危險因子，此即在船員之調派上，須調配得宜，危機自然就相對減少。

3. SHELL模式：

英國愛德華博士於 1993 年提出對於人為因素工程學管理上最具說服力之論述，其中：

S 代表 Software

H代表 Hardware

E 代表 Environment

L 兩個均代表 Live-ware 外緣是決策者，中心者是代表操作者。

以人為中心之作業環境，闡述其設計需求，其格局如下圖 9-5 所示：

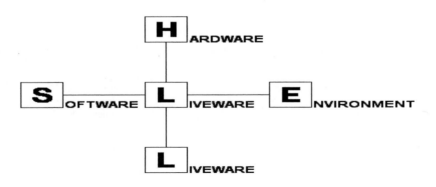

圖 9-5　以人為中心之作業環境，闡述其設計需求

每兩個方塊之間的介面是研析之重點。

(1) 操作者 (L) 與硬體設備 (H) 的介面，是第一個被考量的，所關心者
是要如何設計方能使之符合人體工學。

　　Alert 季刊中說明人體工學需注意：

　　* 工作能力

　　* 控制能力

　　* 安全及緊急反應能力

　　* 保養之方便性

　　* 保全性

　　* 運轉能力

　　* 得以工作之耐久性

(2) 操作者 (L) 與軟體制度 (S) 的介面較抽象，為了使複雜的人與系統
能成功運作，相關的操作程序，工作技令及檢查手冊一定要規劃清

楚，釐清管理與操作者之間的關係，公司或決策者的監督和合理的指示是決對必要的。

(3) 操作者 (L) 與環境的介面是最早被注意到的，相對的容易解決，然由於人有許多限制，比如人在處理信息時，有朝著簡單化操作或推理，依賴他人；有選擇性；或不能全面感受的缺陷，而大腦的接受及處理都是有時間差的。另外每個人在心理；生理及知識技術水平不同，因此也造成結果之不同，所以常常需要雙重確認 (Double check)。

(4) 探討人與人之間的互動關係，人為因素工程所關心者為領導統馭，協調合作，團隊精神及人際互動。尤其是船員二十四小時，彼此生活在一起，以上的這些因素都會對個人的工作表現產生重大的影響。更重要的是當船上的 Live-ware 和岸上管理中心的 Live-ware 的介面，如果岸上管理中心不了解船上人員的想法，或是岸上管理中心所預備冒的風險卻不讓船上人員知曉，甚者當船上有了狀況需要岸方之協助時，岸上管理中心卻手足無措，沒有預備計劃，那麼危機就會愈演愈烈。

第二節　面對危機之態度

一般而論甲板部的危機不常發生，然一旦發生，危險性較大。機艙卻恰恰相反，每天都有狀況，但大體說危機不大。或者應該這樣說，甲板部

的機械狀況不論來至於機械或其他，機艙部大部份可以有能力解決，但機艙部的狀況，甲板部只能袖手，原因是甲板之知識「知易行難」，機艙部的知識卻「知難行易」；曾有案例證明四位機艙人員可以把一條船從上海帶至台灣，然換個情況，五個甲板人員能否啟動機器將船開出港口，卻是疑問。

甲板代表頭腦提供思維方向，機艙代表心臟提供動力。因此當機艙的危機擴大，主機或發電機停頓，並不意味著船舶事故之必然，除非是在特別環境下；但當思維方向有問題或不注意，船舶卻在動的狀態，那就不知危機有多大了。

尤其當人類的習慣是朝著貪、懶、固執的方向傾斜，就更顯得駕駛台行為的重要。因此甲板部在管理上要求的是三力一欲，亦即注意力（感覺到否），求知欲（想知道與否），判斷力（是與非）及執行力（做到與否），尤其是偏見固執不應發生於判斷之前。當船長或船員固執於資訊偏差後的決策，更是絕對的錯誤。但對機艙部人員所要求的，即是對機器的了解，與良好的備品管理以及對機器設備之狀況處理能力。根據 SSMR (Shipping Statistics and Market Review) 自 1992 年 1 月統計到 2005 年 9 月，所分析事故共 14163 件中，屬碰撞者有 1165 件，擱淺 2197 件，浸水 4357 件，失火 3041 件，其他 2148 件，但機器故障僅 1255 件；意即甲板部所造成的事件是機艙部造成事故的 9 倍，更遑論其損失之金額了。許多船員不論其背景是輪機、甲板或者非船員，能做到公司的小主管或大主管，所憑藉的不僅是他們的專業知識，更在於彼等在管理上的「三力一欲」。因

此再次強調「萬危之根由」在於態度及概念，只要它不涉及權力或混雜因素，親體力行是不二法門。

如前所述，將船比擬人的論點，除了年老，機能衰竭以外，大體上只有自身的不注意或危機意識不夠，才會讓一個人年輕夭折。當一個學識豐富的醫生束手無策，卻有許多案例足以證明唯有意志力或自信心能將生命喚回。輪機員好比船機之醫生，但駕駛員卻是船的頭腦，眼神一不注意就會觸礁撞船，危機意識不夠就會出工安事件，惟期腦袋清楚，意志力旺盛，方能支持比預期的久。

第三節　危機中的處理依據

由於海難形成災難的形成是有階段性：

階段一：基本根由或基本缺陷 (Root Clause) 到→

階段二：直接錯誤 (Immediate Clause) 到→

階段三：偶發事件 (Incident) 到→

階段四：意外災難 (Accident) 到→

階段五：後果呈現 (Consequences) 到→

階段六：後續影響 (Impact)

危機存在於每一個階段之間，現階段的處理，就是次階段之管理，才不至於讓危機擴大。

整個危機管理之結構，如下圖 9-6 所示：

| 正確觀念之建立 (Right Concept) |
| 正確態度之建立 (Right Attitude) |

| 非工作時間之管理能力 (Off-working Time Control) |
| 餘裕空間或時間之管理能力 (Margin Control) |

| 聯絡／通訊機制之建立及訓練 (Communication) |
| 快速的反應狀況 (Quick Reaction) |

| 資訊的正確性 (Right Information) |
| 判斷 (Judgment) |

| 時間空間之交換
(Time/Space Exchange) |
| 執行決斷 (Execute) |

圖 9-6　危機管理之結構

態度及觀念是管理重心，而後續的動作則是建立處理的能力。

在危機處理中，快與準是訣竅，所以信息之篩選是很重要的，許多是需靠直覺的。但直覺從何而來呢？認定方向自不必說，從所在地知道海流之有無，並不困難。但：

(1) 當你沒有雷達時，那距離從何判斷？

(2) 當你沒有測速儀時，怎麼知道船速多少？

(3) 當你沒有鐘錶時，那時間如何推算？

(4) 當你沒有測深儀時，能夠從水色分辨深淺嗎？

(5) 當彼此看不見或聽不到時，如何傳達信息？

(6) 看到月亮，能知道潮水的來去嗎？

這些如獵人般的直覺培養，靠的是平時的自我訓練，而在面對危機時

可以保留許多時間之籌碼。

「決斷」(resolute) 亦是訣竅之一，一般船員不太容易經驗許多狀況，因此，不斷的利用案例，更新決策流程，減少錯誤，是以具有時效性之即時警告通報會有幫助。

另外需對人安、船安、貨安、環安有所定義：人安、船安、貨安、環安在危機中之先後輕重，根據台灣仲裁協會理事黃明敏先生引據一般法理，國際約克安特威普及海牙威斯比條款，將人安擺在第一，船舶及貨物則應放在一個水平。至於環安，根據 YAR 1994 Rule C 第二條因海上共同冒險之財產流出 (Escape) 或排放 (Release) 之結果，所延生之環境損失或損傷，不得認同為共同海損，因此船長或管理者在危機處理中，當有所取捨。

第十章
緊急狀況及應變計畫

第一節　緊急應變的基本原則

　　船舶在海上，一切照章航行，多會平安順利。然而，有時候雖然本船遵守規定及規則，可能因為其他外在因素，仍然難免會遇到一些緊急狀況，例如因不同的天氣變化造成損傷、因其他船舶違規航行造成本船受損、與其他船舶發生碰撞、擱淺及其他海事案件。也可能因為本船自身發生緊急意外事件如：貨艙、機艙、住艙等艙區失火、主機故障、發電機故障、舵機故障等突發之意外事件。一旦發生緊急狀況時，應注意掌握下列原則，沈著應付：。

一、儘早採取立即行動

　　船上發生任何事故在最初發現時之立即反應，與所採取之必要措施都是非常重要的。立即採取正確之必要措施，經常可以將事故所產生的損害減少，甚至僅僅是有驚無險而不會進一步發生損害。例如，當值船副在夜間發現人員落水，最重要的措施是拋下具有自亮燈和煙霧的救生圈，它不僅為落水人員提供了可利用的浮具，而且更重要的是，它能夠指示落水者的最接近位置。此一行動如果被延遲幾分鐘，也許會使落水者被平安救起

的可能性大為降低，特別是在海水溫度比較低的時候。另外，假若在航行中發現舵機失靈，應立即停車並打倒俥，如果在較狹窄水域或航道，必要時拋下雙錨，將可能可以避免撞到他船、岸壁或擱淺等情事。

二、發出警報訊號

遇到緊急狀況發出遇險警報是非常重要的，千萬不要等到狀況變得非常危險時，才發出警報通知他人。應該要儘早請求幫助，即使事後証明是一場虛驚，也只是有驚無險。假若在海上發現疑似海盜船再快速接近本船，應該立即發出警報，通知全船船員緊急應變。另外，如果一個船員在甲板上發現了海盜，他的最重要的行動不是衝上去，將這個海盜趕下船，而是拉響警報。接下來的重要工作是將遭遇海盜攻擊的遇險報文，利用船上的通信設備發出，一方面請求救援，另一方面警告其他船舶。事實證明，如果海盜在尚未有效控制駕駛台之前，即被發現，他們通常會放棄攻擊。因此，船員應該熟悉船上所有警鈴以及其他可用於報警之設備的位置。

三、採取應變程序

按照 ISM 規則的有關規定，對船上可能出現的緊急情況，船公司應當建立標明、闡述和反應的程序，在制定船舶緊急應變計畫時應當考慮包括下列內容：

1. 船上的職責分工。

2. 為重新控制局勢應採取的行動。

3. 船上使用的通信方法。

4. 向第三方請求援助的程序。

5. 通知公司向有關當局報告的程序。

6. 保持船岸間的通訊暢通。

7. 處理與媒體或其他外部單位關系的程序。

船公司應根據不同船舶的種類、結構、設備和航行性質制定包括但不限於下列緊急情況的應變計畫：結構損壞、主機失靈、舵機失靈、斷電、碰撞、擱淺、貨物移動、貨物卸漏或污染、火災、貨物拋棄、大量進水、棄船、人員落水與搜救、進入封閉空間、嚴重受傷、暴力或海盜行為、直升機操作及惡劣天氣損害。

如果船上所發生的情形未被上述已列明的情況所包括，船長應及時召集駕駛台團隊成員針對當時之特殊情況，制定應變計畫，其中應該包括：

1. 確認危險情況。

2. 制定相應之應變計畫。

3. 向駕駛台團隊成員通報應變計畫，並徵求他們意見。

4. 對於經過商討後的最終計畫達成一致意見。

5. 監督最終計畫的實施。

四、訓練和演習

所有船員在上船任職前，都應接受有關個人求生技能方面的熟知訓

練，並獲得充分的相關資料和信息。上船後，船員應及時熟悉工作環境、操作程序和設備分布，如果他們以前對這些內容不熟悉，這項工作就顯得更為重要。

　　船長應按照計畫實施符合有關規定的訓練。船員也應該利用一切可能的機會，訓練實際操作技能以便能對本職工作範圍內的工作環境、操作程序和設備分布情況，達到熟悉精通的程度。

　　船長還應該按照船舶年度演習計畫，完成符合相關規定的演習。在編制年度演習計畫時，應該合理安排各種不同種類的演習，以便在一年時間內能夠覆蓋所有船上可能出現的緊急情況。船長應該在船舶安全會議上，對船員在演習中的表現進行充分講評，並將演習過程記入航海日誌。

第二節　應變計畫

一、結構損壞

在制定有關結構損壞的船舶應變計畫時，應當考慮包括下列內容：

1. 拉響警報。

2. 召集所有人員進行損害管制。

3. 通知機艙。

4. 停車或最慢俥前進，儘速檢查結構受損情形。

5. 操縱船舶盡量減小船體所受應力。

6. 停止生活區通風。

7. 停止機艙非必要通風。

8. 將船位傳送至報房或無線電操作人員或其他自動遇險發射機準備發出。

9. 評估沉沒、傾斜、失火、漏油的可能性與危險程度。

10. 起動堵漏措施，但應考慮穩定性要求。

11. 如果船舶傾斜加劇，採取補償措施，使船舶重新保持正浮，但應考慮穩定性要求。

12. 必要時，使用堵漏毯。

13. 加強穩固受損部位附近艙壁。

14. 準備救生艇或救生筏。

15. 必要時，請求岸方協助，並進行船舶穩定性及船體強度計算。

16. 考慮氣象條件及其變化的影響。

17. 如水深允許，考慮搶灘擱淺。

18. 在不得已時，考慮拋棄貨物。

19. 通知附近之船舶交通服務系統或港口當局。

20. 通知船東及／或租方及代理行。

二、主機失靈

在制定有關主機失靈的船舶應變計畫時，應當考慮包括下列內容：

1. 通知駕駛台。

2. 通知輪機長。

3. 通知船長。

4. 儘速檢查分析故障原因，並做故障排除。

5. 按照國際海上避碰規則規定顯示號燈或號標。

6. 核查船位。

7. 評估船舶之危險程度。

8. 報告船長自修的可能性及所需時間。

9. 船頭拋錨人員備便，注意當時船位，並檢視周圍狀況，決定船舶能
   否做緊急拋錨。

10. 獲取天氣預報。

11. 計算潮高、潮流及漂移速度。

12. 隨時監控船舶位置。

13. 通知船舶交通服務系統或港口當局。

14. 警告過往船舶。

15. 檢視得到拖輪協助之可能性。

16. 船上是否有足夠修理之備件可用。

17. 通知船東及／或租方及代理行。

18. 必要時，準備緊急拖帶。

19. 如果時間允許，最好經由船東安排拖帶。

三、舵機失靈

在制定有關舵機失靈的船舶應變計畫時，應當考慮包下列內容：

1. 通知船長。

2. 通知機艙。

3. 啟動備用舵機。

4. 轉換至非隨動操舵方式 (Non Follow Up)。

5. 通知輪機長。

6. 按照國際海上避碰規則規定顯示號燈或號標。

7. 立即停車。

8. 立即定位，並隨時監控船位變化。

9. 密切注意周圍船舶動態，並向接近船舶提出警告。

10 .檢查舵機。

11. 大副和舵工到舵機間就位，準備操緊急舵。

12. 檢查通信設備。

13. 請求拖船至船邊護航。

14. 啟用緊急操舵系統。

15. 如緊急操舵系統可用，則以安全航速行駛。

16. 船頭拋錨人員備便，如果舵機無法修復，考慮拋錨。

17. 通知船舶交通服務系統或港口當局。

18. 通知船東及／或租方及代理行。

四、斷電

在制定有關斷電的船舶應變計畫時，應當考慮包括下列容：

1. 通知駕駛台。

2. 通知輪機長。

3. 通知船長。

4. 按照國際海上避碰規則規定顯示號燈或號標。

5. 立即訂定船位。

6. 評估船舶可能發展之危險程度。

7. 警告過往船舶。

8. 評估當時周圍狀況，隨時準備拋錨。

9. 檢查分析斷電的原因，並儘速修復。

10. 報告船長自修的可能性及所需時間。

11. 修理所需要之備件，船上是否足夠。

12. 獲取天氣預報。

13. 計算潮高、潮流及漂移速度。

14. 隨時注意船位之變化。

15. 通知附近之船舶交通服務系統或港口當局。

16. 通知船東及／或租方及代理行。

五、碰撞

在制定有關碰撞的船舶應變計畫時，應當考慮包括下列內容：

1. 拉響警報。

2. 通知船長。

3. 通知機艙。

4. 碰撞已無法避免時，操縱船舶，盡量減小碰撞的損失。

5. 碰撞發生後，立即停車。

6. 顯示船舶失控號燈或號標，並打開甲板照明。

7. 召集所有船員進行損害管制。

8. 將船位傳送至報房或無線電操作人員或其他自動遇險發射機準備發出。

9. 如水深允許，考慮拋錨以防止船舶飄移，並檢視受損部位。

10. 如情況緊急，有沈沒之虞時，準備施放救生艇或救生筏。

11. 如有本船或他船之人員落水，立即救起落水人員。

12. 如果可能，對於受傷人員提供急救。

13. 測量所有油艙及水艙。

14. 檢查是否有著火、進水、結構損壞、傾覆、油污染的危險。

15. 評定對方船舶的損壞類型和程度。

16. 如必要時，申請岸方援助。

17. 根據碰撞的發生時間（當地時間和格林威治時間），並根據碰撞時

的航行記錄儀和自動數據記錄儀的數據，在海圖上標定船舶實際位置。

18. 記錄對方船舶的船名、船籍港和船舶種類。

19. 記錄發生碰撞時刻的碰撞角度。

20. 記錄本船在發生碰撞時刻的航向和速度。

21. 記錄對方船舶發生碰撞時刻的航向和速度。

22. 記錄所採取的避碰措施。

23. 記錄船舶在發生碰撞時刻顯示的號燈、號標和使用的信號。

24. 記錄對方船舶在發生‧碰撞時刻顯示的號燈，號標和使用的信號。

25. 如果在引航狀態下，獲得引水人的陳述。

26. 向對方船舶提交碰撞責任報告，並獲取簽字的收據。

27. 如在對方船舶的碰撞責任報告上，應簽署：「僅簽字承認收到，並未對責任進行任何陳述」。

28. 為釐清並未喝酒或吸食毒品，應進行呼吸分析儀測試並保留分析尿樣。

29. 通報附近之船舶交通服務系統及港口當局。

30. 通知船東及／或租方。

六、擱淺

(一) 在制定有關擱淺的船舶應變計畫時，應當考慮包括下列內容：

1. 立即停車，在未查明擱淺部位時，禁止全速倒車。

2. 拉響警報。

3. 通知船長。

4. 顯示船舶擱淺之號燈或號標，並打開甲板照明燈。

5. 檢查船位。

6. 將船位傳送至報房或無線電操作人員或其他自動遇險發射機準備發出。

7. 控制火源，防止爆炸。

8. 禁止在甲板吸煙。

9. 停止生活區通風。

10. 停止機艙非必要之通風。

11. 關閉水密門和防火門。

12. 評估短期內是否有傾覆或沉沒等，威脅船舶和人身安全的立即危險。

13. 檢查是否有失火、進水、結構損壞、傾覆或海水污染的危險。

14. 檢查臨近船殼的所有艙區有否漏裂。

15. 每隔一定時間，測量所有艙區之油、水位，並注意其間變化情形。

16. 測量周圍水深。

17. 確定海底底質和傾斜程度

18. 檢查主機及舵機的受損情況。

19. 檢查尾軸是否漏油。

20. 檢查螺旋槳及船舵受損情況。

21. 計算擱淺位置的潮差。

22. 考慮擱淺位置潮流的影響。

23. 如果船舶有漂移的危險，將艙內注水或拋錨以穩定船體。

24. 通知附近之船舶交通服務系統及港口當局。

25. 通知船東及／或租方。

(二) 高潮時採取下列措施，將船舶脫淺：

1. 排空壓載艙。

2. 移動貨物。

3. 使用脫淺錨。

4. 利用駁船將燃油或貨物轉載轉到其他船舶以減輕吃水。

5. 請求拖船協助拖淺。

6. 必要時，拋棄貨物。

7. 通知附近之船舶交通服務系統及港口當局，脫淺作業之執行及結果，並警告過往船隻注意。

七、貨物移動

在制定有關貨物移動的船舶，應變計畫時當考慮包括下列內容：

1. 通知船長。

2. 拉響警報。

3. 必要時，改變航向，減速以保持船舶穩定。

4. 檢查已發生的貨物移動狀況及貨損情形。

5. 檢查是否存在改善目前情況的措施。

6. 停止所有操作，檢查貨物移動之原因及考慮採取防止繼續移動之措施。

7. 訂定船位。

8. 將船位傳送至報房或無線電操作人員或其他自動遇險發射機準備發出。

9. 評估船舶之危險程度。

10. 如果情況危急，考慮撤離船舶。

11. 測量所有油、水艙之水位。

12. 將所有油、水艙測量值與記錄比較。

13. 檢查貨物可能發生之損壞以及造成貨物污染的危險。

14. 檢查對船舶的可能造成之損壞，以及造成海水污染的危險。

15. 在航海日誌記錄貨物移動的日期、時間和船位。

16. 考慮卸貨和重新堆裝移動貨物之可能性等相關問題。

17. 考慮繞航到最近港口，重新堆裝或綁紮繫固。

18. 考慮拋棄貨物。

19. 請求岸方協助進行穩定性及剪力、彎曲應力等強度計算。

20. 考慮氣象條件及其變化影響。

21. 通知附近之船舶交通服務系統及港口當局。

22. 通知船東及／或租方。

八、貨物洩漏或污染

在制定有關貨物洩漏或污染的船舶應變急計劃時，應當考慮包括下列內容：

1. 加裝燃油或裝卸貨油時的操作性溢油時：

(1) 拉響警報。

(2) 啟動船舶應變小組。

(3) 停止所有裝卸、加油作業。

(4) 關閉總閥。

(5) 停止生活區通風。

(6) 停止機艙非必要通風。

(7) 確保排水孔已堵塞。

(8) 確定洩漏位置。

(9) 停止或減少油的溢出。

(10) 考慮使用手提泵、浮柵或攔油索。

(11) 使用吸收材料和允許的溶解劑開始清理。

(12) 得到當局關於允許使用化油劑的授權。

(13) 保證清理小組成員穿著防護服。

(14) 注意禁止及防範任何可能火源，包括吸煙、鋼質裝置和電纜。

(15) 評定火災、爆炸危險等級。

(16) 考慮降低可疑區域艙櫃的油位，將油駁到別的油櫃或空油櫃。

(17) 考慮將受影響管線中的油，排到空艙或未滿艙中。

(18) 檢視本船船員是否能夠單獨處理油污染事件，或是需要請求岸上支援。

(19) 評估對船舶和第三方財產的損壞或污染程度。

(20) 檢查貨油及燃油損失的數量。

(21) 保存導致船上溢油的設備。

(22) 收集駁油信息，包括協議泵速、貨物的詳細資料和特性。

(23) 如果溢油是因岸上或駁船過失所引起的，應提交海事聲明。

(24) 如必要時，對於船上的油和溢油分別取樣。

(25) 對船岸所採取的各項緊急措施及時間和日期，進行詳細的記錄。

(26) 向當地主管機關報告溢油事件。

(27) 通知港口代理行和船東及／或租方。

2. 事故性溢油和有害物質洩漏檢查

(1) 拉響警報。

(2) 啟動船舶應變小組。

(3) 停止所有非必要的作業。

(4) 顯示適當的號燈和號標。

(5) 鳴放適當的聲響信號。

(6) 駛向溢出區域的上風側或遠離陸地一側。

(7) 按照油污應變計劃中規定的標準格式，向有關主管機關報告污染的細節。

(8) 停止生活區通風。

(9) 停止機艙非必要通風。

(10) 盡快地報告溢出事件，並防止擴散或繼續排出。

(11) 連續定位。

(12) 確定洩漏位置。

(13) 停止或減少油類或有害物質的溢出。

(14) 準備轉移受影響艙室貨物的泵和裝卸設備。

(15) 考慮減少受影響艙室的液位。

(16) 考慮對受影響艙室貨物的轉移。

(17) 考慮在受影響艙室使用水墊。

(18) 如果必要，準備減載。

(19) 考慮使用浮柵或攔油索。

(20) 使用吸收材料和允許的溶解劑開始清理。

(21) 得到當局關於允許使用化油劑的授權。

(22) 保證清理小組成員穿著防護服。

(23) 注意禁止及防範任何可能火源，包括吸煙、鋼質裝置和電纜。

(24) 警告注意有毒氣體、煙氣的釋放。

(25) 評定發生火災、爆炸、窒息的危險等級。

(26) 按照《醫療急救指南》和《國際海上危險貨物運輸規則》指導原則，對受傷人員提供急救，以及送岸進一步治療。

(27) 考慮將非必要船員的撤離。

(28) 評估船員是否能夠獨自處理溢油，或是否請求岸上支援。

(29) 評估船舶損壞程度。

(30) 檢視並評估是否需要做水下檢查。

(31) 立即重新計算強度和穩定性。

(32) 防止過度橫傾。

(33) 考慮必要時，轉移貨物以減小應力。

(34) 評估貨物損壞程度和可能的貨物損失。

(35) 液油對其他船舶或第三方財產影響的詳細情況。

(36) 評估對船舶、船員和貨物的後續損害。

(37) 獲得溢油事故相關船員的陳述。

(38) 如果溢油是由設備故障引起的，船上應保存故障設備。

(39) 對船上的油和溢油進行取樣。

(40) 紀錄液油裝卸作業之詳細過程、溢油處理過程以及檢查溢油範圍。

(41) 確保貨物有關文件已經備妥。

(42) 向當地主管機關報告溢油或有害物質溢出事件

(43) 通知港口代理行及船東。

九、火災

在制定有關火災的船舶應變計劃時，應當考慮包括下列內容：

1. 拉響警報。

2. 通知船長。

3. 召集所有人員，就滅火部屬。

4. 操縱船舶將失火部位置下風側。

5. 調整航向、航速或停俥。

6. 顯示船舶失控的號燈或號標。

7. 將船位傳送至報房或無線電操作人員或其他自動遇險發射機準備發出。

8. 使用消防員裝備，探測火源。

9. 通知駕駛台失火位置。

10. 停止所有作業。

11. 停止機械通風。

12. 啟動消防泵。

13. 關閉所有開口。

14. 切斷火場電源。

15. 組織滅火小組。

16 選擇最合適的滅火劑，包括水、泡沫、二氧化碳、乾粉或消防沙等。

17. 開始滅火。

18. 向當地之交通服務系統或港口當局報告。

19. 警告過往船隻注意本船發生火警。

20. 通知港口代理行及船東及／或租方。

(一) 貨艙失火

1. 詳查起火原因，並決定採用何種有效之滅火方式。

2. 如果艙蓋是打開的，用水或泡沫滅火。

3. 小心地打開已失火的貨艙蓋，應確保能夠立刻關上貨艙蓋。如果必要時，應事先準備消防水龍帶，並應確認發生之火災是可以用水或適當的滅火介質滅火。

4. 當使用二氧化碳滅火時，應持續到火已經減弱到一定程度，溫度不再具有威脅，才能停止。但如果二氧化碳存量已不能滿足下一輪滅火行動的需要，應保持貨艙的關閉，直到船舶到港和二氧化碳被再次補充為止。

5. 當使用二氧化碳滅火時，應關閉貨艙數日。

6. 確保消防龍頭已安裝，並接到艙蓋排水閥上。

7. 只有周全考慮妥當所有的安全措施，並確保船員穿戴合適的安全服後，才允許進入滅火後的貨艙。

(二) 機艙失火

1. 對小範圍火災，應根據失火種類，立即使用手提滅火器進行滅火。

2. 確保所有的機艙通風停止，包括關閉天窗、門、空氣管路和煙道。

3. 防止油管和油櫃的洩漏。

4. 停止油水泵、淨油機、鼓風機和通風裝置的運轉。

5. 切斷電源。

6. 移走火災現場附近的可燃材料。

7. 使用二氧化碳前，應清點機艙內的所有人員，並確認完全離開之後，才可施放二氧化碳。

(三) 在港口期間失火

1. 通知港口消防隊，儘速獲得岸上援助。

2. 準備國際通岸接頭和防火控制圖。

3. 全力配合當地消防隊進行滅火行動。

4. 檢查龍骨下餘裕水深，如果很小僅 30～60 公分，可避免在灌救後傾覆。

5. 注意在船之船員人數，如有危險立即上岸，並由岸上灌救滅火。

6. 必要時，請求拖船將船拖離碼頭至開闊水域或港外。

(四) 生活區失火

1. 確保火災區內無人。

2. 移走可燃、易爆材料包括氧氣瓶、乙炔瓶及油漆等。

3. 小心氣體中毒。

4. 如果大量用水灌救，應考慮船舶的穩定性。

5. 準備醫療援助。

6. 如必要放救生艇，並準備安排撤離。

7. 移走燃燒過的物質，如果可能時，放置在甲板上。

8. 完成滅火收尾工作，將火災損壞物體集中放置，準備送上岸。

9. 詳細記錄火災地點、火災情況、滅火程序和過程，以及火災對船舶和貨物造成的損失。

10. 通知當地之交通服務系統或港口當局。

11. 報告船東、租方以及當地代理行。

十、貨物拋棄

在制定有關貨物拋棄的船舶應變計劃時，應當考慮包括下列內容：

1. 檢查穩定性情況。

2. 檢查船上結構破損情況。

3. 評估船舶危險程度。

4. 尋求使用貨物拋棄以外之其他途徑，改善船舶危險情況之可能性。

5. 確認拋棄貨物之行為，能使船舶穩定性符合要求。

6. 如可能時，等待其他接收船舶到達，但應考慮船身強度與應力的變化。

7. 應避免拋棄可能造成污染的油類或有毒害貨物。

8. 應盡可能避免拋棄貴重貨物。

9. 遵守當地所有相關規定。

10. 開始作業前通知機艙。

11. 調整航向和航速。

12. 嚴格按照計算所需數量拋棄貨物。

13. 在海圖上標定船舶拋棄貨物時的準確位置。

14. 列出所拋棄貨物名稱和數量的清單。

15. 通知附近之過往船隻注意航行安全。

16. 通知當地之交通服務系統或港口當局。

17. 向船東及租方報告拋棄貨物之詳情。

十一、大量進水

在制定有關大量進水的船舶應變急計劃時，應當考慮包括下列內容：

1. 通知駕駛台。

2. 拉響警報。

3. 通知船長。

4. 通知機艙。

5. 確定船員以及船舶是否處於危險中，如決定棄船時，應依照「棄船」程序操作棄船。

6. 注意當時船位，並調整船舶航向航速。

7. 顯示適當的號燈域號標和鳴放適當的聲響信號。

8. 將船位傳送至報房、無線電操作人員、其他自動遇險發射機準備自動發出。

9. 啟動堵漏緊急處置方案。

10. 關閉水密門。

11. 確定洩漏位置。

12. 評估進水速度。

13. 立即起動水泵排水，潛水泵也配合使用。

14. 考慮最適當的手段以阻止海水進入船舶，或者減少進入量，包括堵

漏毯、栓塞、調整前後縱傾及左右橫傾）。

15. 計算儲備浮力及浮力損失。

16. 考慮大量進水對船舶穩定性和船體強度的影響。

17. 注意橫傾角度變化，如果船舶傾斜加劇，立即採取補償措施使船重新保持正浮，但應考慮強度要求。

18. 加強保固進水艙區附近之艙壁。

19. 檢查可能的貨物受浸水影響，所造成損壞情況。

20. 檢查船上是否有遇濕危險之危險貨物，如有則立刻移走。

21. 考慮從船舶排出水時，可能造成的污染。

22. 考慮可能的形勢繼續惡化影響。

23. 如水深允許，則考慮拋錨或搶灘擱淺。

24. 如必要時時，考慮拋棄貨物。

25. 詳細記錄發生之日期、時間和位置，以及採取之措施、經過與結果。

26. 通知當地之船舶交通服務系統或港口當局。

27. 向船東及租方報告。

十二、棄船

在制定有關棄船的船舶應變急計劃時，應當考慮包括下列內容：

1. 拉響警報。

2. 發遇險報。

3. 召集所有船員，就棄船部屬。

4. 確定撤離方式

5. 確定撤離舷側。

6. 點名，並查核是否有失蹤人員。

7. 所有人員穿好救生衣，帶好保溫器具。

8. 所有人員穿著保暖衣服。

9. 駕駛員攜帶航海日誌，並帶好對講機。

10. 將衛星緊急無線電示位標，帶到指定位置。

11. 將搜救雷達應答器帶到指定位置。

12. 多帶毛毯和淡水與乾糧。

13. 做好放救生艇、救生筏的準備。

14. 登艇前再次點名，確認人員到齊。

15. 發動艇機。

16. 船員登上救生艇或救生筏。

17. 解掉纜繩離開大船。

18. 支起艇罩，關閉進口以保持乾燥。

19. 必要時服用暈船藥。

20. 定量分配淡水和食物。

21. 按順序輪流值班保持瞭望。

22. 確保良好秩序和堅定信念。

十三、人員落水及搜救

在制定有關人員落水及搜救之船舶應變急計畫時，應當考慮包括下列內容。

(一) 人員落水

1. 通知當值船副人員落水的舷側。

2. 投下駕駛台兩翼附有自明燈和煙霧的救生圈。

3. 鳴放人員落水警報。

4. 通知船長。

5. 使用威廉遜迴旋法操船，搜尋落水人員。

6. 定訂船位，並通知無線電操作人員，準備通知相關單位。

7. 指定專人保持對落水人員的瞭望。

8. 準備放救助艇。

9. 將主機做好隨時操縱的準備。

10. 做好急救準備，備好毛毯。

11. 準備好引水梯和安全網。

12. 如果發現落水人員，立即停俥，注意接近速度及方向，並為救助艇做下風，以便於施放救助艇。

13. 小心操船，調整船位緩緩接近落水人員。

14. 施放救助艇。

15. 救起落水人員。

16. 如果未能找到落水人員，立即通知相關部門，並協同其他搜尋單位，共同實施搜尋。

17. 在實施威廉遜迴旋法操船救人時，應注意通知附近船隻及當地之船舶交通服務系統。

(二) 搜救

1. 通知輪機長和機艙，將主機做好隨時操縱的準備。

2. 通知船東。

3. 標繪出經過風與流修正後的搜尋基點。

4. 選擇適當的搜尋方式。

5. 安排人員瞭望。

6. 實施搜救時，應注意通知附近船隻及當地之船舶交通服務系統。

7. 如有與其他船舶共同搜尋，則應與其他搜尋船舶保持密切聯系。

8. 隨時注意船位。

9. 準備施放救助艇。

10. 做好急救準備，備好毛毯。

11. 準備好引水梯和安全網。

12. 注意氣象變化，接收天氣預報。

13. 如果發現落水人員，立即停俥，注意接近速度及方向，並為救助艇做下風，以便於施放救助艇。

14. 小心操船，調整船位緩緩接近落水人員。

15. 施放救助艇。

16. 救起落水人員。

17. 向相關部門報告搜尋事項與救助結果。

18. 記錄搜救所經歷之時間及燃油消耗。

19. 將詳細過程記入航海日誌。

十四、進入封閉空間

在制定有關進入封閉空間的船舶應變計劃時，應當考慮包括下列內容：

1. 切斷與封閉空間相連的所有管路。

2. 確保與封閉空間相連管路的截止閥不致意外開啟。

3. 對封閉空間進行徹底通風。

4. 對封閉空間內的可燃氣體濃度，進行測量以確保安全。

5. 在作業期間內，始終保持對封閉空間內的可燃氣體濃度進行測量。

6. 在作業期間內，始終保持對封閉空間內的通風。

7. 提供充分的照明。

8. 在封閉空間的人孔蓋處，備妥營救設備以備急需。

9. 在封閉空間的人孔蓋處，指定專門的負責人員看守。

10. 通知包括在駕駛台、機艙或貨物裝卸控制室的值班高級船員，準備進行的作業。

11. 確保封閉空間人孔蓋處，看守人員與內部人員的通信渠道暢通。

12. 所有準備使用的設備，應適於封閉空間作業。

13. 如果使用呼吸器，使用者應熟知該設備，並對其安全性進行試驗。

14. 記錄所有進入封閉空間的人員。

15. 工作完成後，清點撤離人員。

十五、嚴重受傷

在制定有關嚴重受傷的船舶應變計劃時，應當考慮包括下列內容：

1. 提供急救準備。

2. 參考醫療指南、危險事故醫療急救指南以及按照建議治療。

3. 獲取有關病人症狀的各種信息。

4. 在海上航行時，如對診斷結果表示懷疑，應尋求外界的醫療指導包括沿岸 國家之緊急醫療協助、船舶自動互救系統和無線電醫療系統等。

5. 參閱英文版之《無線電信號表》中，標準規格式之醫療援助電文。

6. 將具體細節轉發海岸台。

7. 如果病情嚴重，發送緊急警報，以便從附近配有醫生的船上獲得及時援助。

8. 經常監視受傷人員的病情，並記錄觀察結果。

9. 在病人與報房間保持通信暢通。

10. 按照岸方之醫療建議治療病人。

11. 向岸方提供病人身體狀況之最新信息。

12. 評估病人離船的必要性及其可行性。

13. 計算到最近港口的航向和預計抵達時間。

14. 確定是否能得到直升機援助。

15. 通知船東及租方。

十六、暴力或海盜行為

近年來，海盜在索馬利亞外海、亞丁灣、非洲西岸沿海以及南中國海附近經常出現，因此在制定有關暴力或海盜行為的船舶應變計劃時，應當考慮包括下列內容：

(一) 預防措施

1. 確定下個航次是否存在遭遇海盜、恐怖行動或搶劫的可能性，並在航行計畫中，列入在接近海盜盛行之高危險區域時，所應採取相關的預防措施；同時，在制定相關計畫時，可以參考英國海事貿易管理機構 (The UK Maritime Trade Operations; UKMTO) 所出版的最佳防範管理手冊 (Best Management Practices to Deter Piracy off the Coast of Somalia and in the Arabian Sea Area)。

2. 當航行於索馬利亞外海、亞丁灣、非洲西岸沿岸時，在航次計畫中說明海事保安中心──非洲之聲 (Maritime Security Center-Horn of Africa；MSCHOA) 與沿岸國家相關電台與網站的詳細資料，以便在遭到襲擊時及時報告，並適時得到救援。

3. 航經亞丁灣 (Gulf of Aden) 之船舶，在事先即應決定是否參加海軍護航船隊，或自行穿越國際推薦通航走廊 (International Recommended

Transit Corridor ;IRTC)，但應事先向 MSCHOA 報備。

4. 妥善準備防止襲擊的自我保護計劃 (Self Protection Measures)，以達到隨時應變防止襲擊。

5. 航行於海盜盛行之高危險區域時，應增派瞭望人員，駕駛台備有足夠之望遠鏡，如有夜視功能更佳，並應隨時注意附近可疑的艇筏、人員，並注意適時發放警報信號例如警鈴，燈光等。

6. 在高危險區域航行，盡量使用高速航行，如可能時最好保持 18 節以上之速度，以防止海盜接近船舶。

7. 在海盜盛行之高危險區域航行時，可以考慮雇用私人之保全警衛人員，以增加貨物、船員、旅客和船舶財產的安全。

8. 船邊裝設防止海盜爬上船之障礙物，包括有刺鐵絲網 (Razor Wire)，裝置擋版，放置欺敵假人以及擺設高壓電危險告示牌等，增加海盜登輪之困難度，以確保船員、旅客和船舶的安全。

9. 將船上原來放置在甲板及走廊上之手工具及設備都妥為收藏，以防被海盜使用。

10. 船上的防彈衣、鋼盔、砂包、氧氣瓶、易燃液體罐等，必須妥為保管，以免被登輪之海盜利用。

11. 查閱船舶先前之報告、日誌，瞭解有關以往是否遭遇的攻擊和他們如何防範。

12. 準備的阻止海盜搶劫之設備及工具，包括起動消防泵、準備消防水帶、信號槍、探照燈、催淚瓦斯筒、手電筒、高壓警棒和棍棒等，

值班人員配備刀、斧以砍斷爪鉤索，保持錨鏈水閥常開。

13. 提高警覺包括實施頻繁的隨機檢查，由以往海盜攻擊事件得知，海盜攻擊多在白天進行，但是也偶有在夜間進行攻擊，夜間打開船舶兩舷側探照燈，照射可能範圍內的區域。

14. 船上裝有閉路電視 (CCTV) 者，確認其運作正常，以便在海盜接近或登輪時，監視海盜之行蹤。

15. 在海盜盛行之高危險區域航行時，保持 24 小時安全巡邏值班，並特別注意船首、船尾。

16. 填寫防偷渡檢查表，並予以執行。有時當船舶在港口停泊時，特別注意禁止陌生人登輪，以防強盜的同謀者事先潛伏藏匿在船上。

17. 加強夜間值班，包括 1 名當值船副專門負責雷達和視覺瞭望。

18. 執行巡邏和安全巡檢，並確保駕駛台與巡邏人員間的聯繫。

19. 封鎖自甲板進入住艙、機艙與貨艙之通道，安裝防護鐵板，鎖好舷門、貨艙艙蓋、貨艙人孔蓋和窗戶。

20. 建立緊急通信聯絡計畫，與船舶周圍的其他船舶、護航軍艦、沿海政府當局保持 VHF 聯繫。

21. 將緊急 VHF 設備放置在遠離船長房間、無線電室和無線電操作員的位置，但是須將其放置的位置通報船上所有人員。

22. 建立一個或幾個安全區。

23. 將保安計劃告知船員。

(二) 停泊或拋錨時

1. 如果無法直接進港靠泊，盡量避免在錨地逗留，可選擇在外海漂航。

2. 對來訪者進行登記，拒絕非許可人員登船。

3. 如必須下錨時，則應選擇遠離航道的錨位。

4. 保持持續的甲板值班。

5. 顯示欺敵假人、懸示高壓電危險之警示標誌牌、用探照燈搜索周圍水域、用消防水帶在船邊持續噴水等。

6. 保持錨鏈管連續地沖水。

7. 禁止船員與當地人員進行買賣。

8. 全體船員均應提高警覺，不能完全依賴防海盜值班。

9. 加強瞭望確定附近小艇、可疑船舶的動機。

(三) 當察覺有海盜襲擊時之應急措施

1. 發出警報，必須注意海盜襲擊警報應避免與其他警報混淆，啟動海盜攻擊應急程序。

2. 盡可能地遵循海盜襲擊的自我保護計劃，船員避免暴露並儘速躲至緊急避難處所。

3. 確保船員間適當的聯繫繫方式。

4. 立即增加船舶航行速度至最大海上速度，最好加速至 18 節以上。

5. 操舵將船艏向不斷變換，讓海盜船艇在上風位置，或浪湧較大之舷側，以增加爬船登輪的困難度，如果可能向深海方向轉向。

6. 利用 VHF Ch.16 呼叫「Mayday」，以及經由 DSC 及 Inmarsat-C 發出遭受海盜攻擊信文，向其他船舶發出無線電廣播警報。並保持 VHF 守聽。

7. 如可能時，儘速與英國海事貿易管理機構 (UKMTO) 建立電話通訊。

8. 將船位傳送至報房、無線電操作人員、其他自動遇險發射機準備自動發出。

9. 發射警告火箭。

10. 使用消防水龍帶噴灑海水、熱水、泡沫和其他船舶設備阻止襲擊者，同時注意噴灑之範圍。

11. 割斷海盜攀爬登船鉤、輕便梯及繩索。

12. 船上之船舶自動辨識系統 (AIS)，如果先前為防止海盜辨識而關閉者，應立即開啟，讓救援船舶容易掌握本船之位置。

13. 船上之甲板照明應打開，讓欲攻擊海盜知道其行蹤已被發覺。

14. 盡量利用閉路電視系統，觀察海盜攻擊行為。

(四) 保護措施

1. 撤退或隱藏到預先安排的緊急避難區域，確保所有船員都在緊急避難區域內，而且食物及飲水充足。

2. 保持無線電聯繫暢通，必要時尋求援助。

3. 保持冷靜，不要逞能，以免被海盜傷害。

4. 編制貨物、私人物品、設備和材料被盜或丟失的詳細清單。

5. 確實詳查是否有船員受傷。

6. 如果船舶被海盜控制，切勿激怒海盜，必要時啟動棄船程序。

7. 保存受攻擊的詳細情況記錄，如果成功阻止海盜登輪或攻擊，應將如何成功阻止海盜登輪或攻擊，也應記錄其詳情和其他有用的觀察結果。

十七、直升機操作

在遇到緊急情況，如有需要岸上派出直升機救援或協助時，在制定有關直升機操作的船舶應變計劃時，應當考慮包括下列內容：

1. 聯繫岸方告知船舶的需求。

2. 評估危險程度，並參考有關資料。

3. 確定直升機準備降落地點。

4. 按規定在降落地點做好標記。

5. 移走或固定在降落地點附近未固定之繩索、鋼絲纜及可移動物件。

6. 關閉所有燃油艙的通風口。

7. 做好風向標，以供參考用。

8. 備妥消防設備。

9. 準備救助艇，並做好放艇準備。

10. 如有需要照明降落區域，燈光照明應注意不致於影響直升機駕駛員操縱。

11. 駕駛台與甲板人員保持聯繫。

12. 船上與岸方或直升機保持聯繫。

13. 確認將執行直升機的吊勾作業，還是降落作業。

14. 安排熟練的舵工操舵。

15. 按照要求保持航向航速操縱船舶。

16. 顯示正確的號燈及號標。

17. 注意風向、風速及船舶位置。

18. 注意本船周圍其他船舶之動態。

19. 直升機接近時，將甲板上的任何索具完全固定縛緊。

20. 服從直升機上絞車手的指揮。

21. 詢問駕駛員直升機降落後，是否應被固定。

22. 如直升機降落後，被固定在甲板上，在起飛前應解開綁紮設備，並從起飛區移走。

23. 起飛時，保持與降落作業相同的警戒與指導。

24. 確定降落和起飛作業成功，並記錄降落、起飛和完成的日期、時間。

十八、惡劣天氣損害

在制定有關惡劣天氣損害的船舶應變計劃時，應考慮包括下列內容：

(一) 預防措施

1. 確保貨艙、機艙、住艙、走廊和甲板等，所有可能會移動物品，均已確實固定。

2. 檢查水密門、艙門和各艙蓋關閉情況。

3. 確保壓載系統和污水系統的泵和閥門狀態良好，且隨時可以操作。

4. 確保各層甲板的排水孔排水暢通。

5. 確保所有的安全設備狀況良好，並隨時可用。

6. 隨時確認獲得充分的天氣資料。

7. 如天氣情況非常惡劣或本船狀況不理想時，應採取避開惡劣天氣之區域航行，以減少損害。

8. 檢查並確認在情況緊急時，可以立即得到支援之機構，其聯繫方式。

(二) 應急措施

如果在甲板上發現損害情形，應立即進行下列措施：

1. 通知駕駛台。

2. 通知船長。

3. 通知輪機長。

4. 改變航向或航速，以減小撞擊造成的損失。

5. 檢查受損狀況，包括貨物移動或撞擊、進水狀況、是否有造成結構損壞，以及評估是否有傾覆的危險。

6. 訂定船位。

7. 將船位傳送至電報房或無線電操作人員以及其他自動遇險發射機。

8. 保持與船東的聯繫。

9. 如果可能，改變航線以避開惡劣天氣之區域。

10. 評估船舶遭受的損害。

11. 評估貨物遭受的損害。

12. 準備提交海事報告，其內容包括船舶和貨物的損壞情況，並附上航海日誌摘要和臨近其他船舶的船名。

13. 向附近之船舶交通管理系統或港口當局報告。

第十一章
駕駛台資源管理之訓練

　　1975 年在挪威舉行的國際安全會議 (International Safety Conference; INTASAFCON III) 中，一致同意在海上發生擱淺、碰撞等海事案件，駕駛台組織鬆散與未能保持良好的瞭望是主要原因。因此，許多航運公司紛紛制定針對駕駛台的相關操作之程序與規定，加強駕駛台資源管理的訓練。期望藉以提高船員的知識與技術，進而確保船舶航行安全與營運績效。因此，駕駛台資源管理的科目，就變得很重要。

　　按照 2010 年馬尼拉修正案 (STCW78/10) 之規定，自 2012 年起航行當值人員均需持有接受駕駛台資源管理之訓練合格之證書。國際海事組織早在 2001 年就提出駕駛台資源管理之典範課程 1.22，以及有關船舶模擬器與駕駛台團隊工作的決議，其目的就是期望在訓練中，要求受訓者有效利用駕駛台程序，並遵守 1972 年國際海上避碰規則 (COLREG1972) 及 STCW95 公約中 VIII/2、STCW Code A－II/1 和 STCW Code A－VIII/2 之相關規定，建立並執行有關航行值班的基本規則。讓每位受訓者擔任航行值班中的不同角色，並進行角色輪換，給每位受訓者都有一個作為船長的訓練機會。

　　成功地完成這個教程的受訓者，將獲得在各種不同情況下操縱船舶的

經驗，並能在船舶一般正常和發生故障的緊急情況下，做出有助於駕駛台工作的有效行動。

第一節　訓練之對象

(一) 航海科系學生

航海科系學生因為尚未上船實習或僅有短時間在船實習，對駕駛台相當陌生。因此必須先將駕駛台之位置、設計、內部布置與各項設備等做一介紹，再將駕駛台資源管理課程之相關內容，講解得非常詳細，讓學生在實際上船擔任船副之前，就對駕駛台之相關資源有深刻認識，並瞭解如何管理及運用資源。此外，如有機會應該帶學生上船參觀駕駛台，實地講解說明將會使印象更為深刻，效果更佳。目前台灣航海院校包括：國立台灣海洋大學、國立高雄海洋科技大學、私立台北海洋技術學院等，各院校之航海相關科系，均已有開設駕駛台資源管理之課程。至於開課之時機，最好在畢業班實施，因為畢業班學生對於船舶以及航海相關法規等，已有相當概念，在講述駕駛台資源管理之課程時，對於相關內容比較能吸收，而且學生畢業後到船上實習以及服務會更容易進入狀況。

(二) 航海高級船員

航海高級船員接受訓練大約為 3 至 5 天課程之時間，航海高級船員所接受的是「再教育」，因為航海高級船員已經有海上航行經驗，駕駛台資源管理之訓練的目的是加強船員對於駕駛台團隊的運作，做進一步的認識

與說明，同時藉由模擬機的操作對於團隊合作與船舶操縱技術深入瞭解，並強調養成重複檢視之習慣的重要性，與不可過於依賴電子航儀以及引水人等觀念之建立。目前，在台灣開設駕駛台資源管理船員訓練之機構有：國立台灣海洋大學船員訓練中心、國立高雄海洋科技大學船員訓練中心、航運技術系以及長榮海運公司船員訓練中心。

第二節　訓練之內容與模擬器之使用

實施駕駛台資源管理訓練，其內容大約如下列各項：

1. 介紹駕駛台資源管理之意義與實施目的

(1) 駕駛台的介紹，包括駕駛台在船上之位置、設計及佈置。

(2) 駕駛台資源管理之來源、定義、內容及觀念。

(3) 駕駛台團隊介紹、團隊成員之職責、團隊成員對於船舶航行安全的責任。

(4) 實施駕駛台資源管理之原因與需求。

(5) 實施駕駛台資源管理應注意有關安全性、效率性與規則性之事項。

(6) 實施駕駛台資源管理之目的。

2. 錯誤鏈的分析、破解與情境認知度

(1) 認識錯誤鏈。

(2) 人為因素而產生錯誤之事件。

(3) 錯誤鏈之發展標示。

(4) 壓力之管理。

(5) 破解錯誤鏈之方法。

(6) 認識情境認知度。

(7) 較低的情境認知度所產生的影響。

(8) 個人自滿或過度自信，對於環境認知度所產生的影響。

(9) 如何保持個人的情境認知度與駕駛台團隊的情境認知度。

(10) 案例說明，經由實際案例說明錯誤鏈之發生、發展與防範之道。

3. 駕駛台團隊的組織、管理與領導統御

(1) 對人格特質之認識。

(2) 團隊成員間個性上的相互瞭解。

(3) 團隊成員間的合作，任務分配清楚不重疊。

(4) 團隊成員對於駕駛台資源的配置與運用。

(5) 領導統御技巧之運用。

(6) 船員疲勞度之問題與如何減低對船舶安全之影響。

(7) 決策之制定與駕駛台操作程序之建立與執行。

4. 船長、當值船副與引水人之關係

(1) 傳統上船長、當值船副與引水人關係之說明。

(2) 船舶安全責任仍由船長負責。

(3) 引水卡與船長與引水人訊息交換資料。

(4) 駕駛台團隊與引水人間之互動。

(5) 引水人在船時，遵守有關當值常規、公司政策、相關法規與規則之

標準作業程序。

5. 通信

(1) 通信之基本元素：語言、文字。

(2) 船上常用之通信方式：VHF 無線電話、對講機、公共廣播系統、聲力電話、信號旗、燈號、衛星通訊、網路 e-mail 等。

(3) 通信之障礙：物理上與心理上之障礙，以及如何克服障礙，完成通信任務。

(4) 船上常用通信之內容。

(5) 通信應注意之事項：IMO 標準航海通信用語 (IMO SMCP)，視覺信號使用國際信號規則。

6. 航行計畫之制定、執行與監控

(1) 航路之建立。

(2) 制定航行計畫使用之參考圖籍。

(3) 禁航區、安全界線、與危險物距離保持、公司規定、船長要求等參考條件。

(4) 航程中海流與潮流。

(5) 海洋氣象航路機構之建議航路。

(6) 航程中可以利用的燈塔、浮標、雷達回應標杆等重要導航標誌。

(7) 引水人在船水域之航行計畫。

(8) 中斷及應急策略。

(9) 航行計畫之執行，應注意之事項。

(10) 航行計畫監控之程序與技術方法。

(11) 航程中需要做修正或改變時，決策制定應考慮事項。

7. 船上使用電子海圖資訊顯示系統 (ECDIS)

(1) 全面瞭解電子導航圖 (ENC) 數據、數據精度、呈現規則、顯示選擇和其他海圖數據格式。

(2) 瞭解過份依賴之危險性。

(3) 熟悉有效的性能標準所要求的 ECDIS 功能。

8. 操船模擬器之使用

在駕駛台資源管理之訓練中，利用模擬器訓練是非常重要的一環。首先，模擬器訓練應按照 STCW CODE A 第 I/12 節規定，遵照用於培訓的模擬器的一般性能標準之規範，制定訓練之程序與腳本。

(1) 適於選定的目標和培訓任務。

(2) 能夠模擬船上有關設備的操縱性能，達到合乎培訓目標的物理真實水平，並包括這種設備性能、侷限性和可能產生的誤差。

(3) 具有足夠的行為真實性，使受培訓者能夠獲得合乎培訓目標的技能。

(4) 提供一個可控制的操作環境，並能生成各種情況，其中可包括與培訓目標有關的緊急、危險或異常情況。

(5) 提供一個界面，受培訓者可藉此與設備、模擬的環境以及視情況與教師相互作用。

(6) 由教師控制、監控和記錄訓練情況，以便對培訓者做出有效的小

結。

9. 案例分析

利用案例分析之講解與討論，可以加深學習印象。

(1) 利用過去發生之海事案例來做分析討論。

(2) 學員提出個人所經歷或所聽聞之海事案例來做分析討論。

(3) 根據本次訓練使用模擬器之結果來做分析討論。

第三節　訓練之成果與在船訓練

一、訓練之成果

經過課堂講授、分組討論、分組操作模擬器與案例分析等訓練。期望
完成受訓者應達到：

(1) 熟悉船舶操縱模式，尤其是俥與舵之操作。

(2) 掌握風、流、淺水效應、岸壁效應、狹水道航行和船舶載重狀態等
對於船舶航行的影響。

(3) 加強對於制定計劃航線和備用航線重要性的認識。

(4) 在一般或特殊情況下，對值班和裝卸貨作業過程中，駕駛台各項措
施和團隊工作的有效性有深刻的認識。

(5) 加強瞭解通信之重要性和建立一個完善的航行計劃的好處。

(6) 瞭解對於俥令、舵令及其他口頭命令等，覆誦與重複檢視其正確執

行之重要性。

(7) 瞭解準確船位之重要性，在標定船位時，除了利用 GPS/DGPS 標定經緯度之外，仍應利用雷達或方位圈觀測岸標等方式定位，來重複檢視船位之準確性。

(8) 引水人在船時，駕駛台團隊成員仍然不可鬆懈，對於引水人的每一個口令與動作，應該小心觀察與注意。因為，引水人也可能會犯錯誤。

二、航行值班與在船訓練

(一) 航行值班

航海高級船員經過受訓完畢之後，在回到船上工作時，其航行值班就應該根據 STCW CODE A-VIII/2 節，第 3 部分所規定值班的一般原則。

值班應基於於下列駕駛台和機艙的資源管理原則：

1. 應確保根據情況合理地安排值班人員。

2. 在安排值班人員時應考慮人員的資格或適合能力的侷限性。

3. 應使值班人員理解其個人角色、責任和團隊角色。

4. 船長、輪機長和負責值班的高級船員應保持適當的值班，並最有效地使用可用資源，如信息、裝置或設備和其他人員。

5. 值班人員應理解裝置或設備的功能和操作，並熟練使用。

6. 值班人員應理解信息及如何回應來自每一工作站、裝置或設備的信息。

7. 所有值班人員應適當地共享來自工作站、裝置或設備的信息。

8. 值班人員在任何情況下應保持適當的相互交流。

9. 對為安全而採取的行動產生任何懷疑時，值班人員應毫不猶豫地通知船長、輪機長或負責值班的高級船員。

(二) 在船訓練

為增進航行基本技能與提高環境認知度，駕駛台各船副平時應熟練下列事項：

1. 利用觀測三目標之交叉方位測定船位。

2. 觀測與辨識燈塔、浮標、燈杆等導航標誌。

3. 航行中，利用觀察船邊排開水流情形，來估計船速。

4. 港內航行則觀測正橫目標移動之快慢，來判斷船速。

5. 練習觀察判斷本船與陸岸、碼頭或他船之目標距離。

6. 利用六分儀觀測天體做天文定位。

7. 觀測太陽中天求緯。

8. 觀測太陽方位求羅經差。

9. 利用觀測北極星高度求緯度。

10. 主機故障以及舵機故障等之緊急應變與處理等。

以上這些航海技巧平時在船上都可以練習，以便在需要時，能夠隨時派上用場，而不至於手忙腳亂。

三、評量模式

凡接受教育訓練者需通過學科測驗及實作評估，成績及格始發給證書。

(一) 知識內容的測驗：

針對授課教學的話內容予以考試測驗，用以評定達到知識的標準。

(二) 模擬器之情境模擬操作：

設定各類型船舶在不同裝載情況下之下述情境模擬操船：

1. 沿岸航行包括轉向點及避航水域。

2. 狹窄繁忙水域包括分道航行區。

3. 接近引航站或錨地。

4. 引航員在船至繫靠碼頭。

5. 異常或緊集狀況之處置。

(三) 模擬評量方式：

日本學者小林弘明於 2005 年提出新的海事教育與訓練系統的觀點 (New MET System based on training concept)，針對當前在操船模擬上尚無標準系統而發展出的訓練系統。此訓練系統係針對任務不同而予以分級，且此項訓練將更可符合 STCW 之規定。在駕駛台資源管理之訓練方面，應就航行資料與定位、信息獲取、通信溝通、團隊組織、職物替換、及引航員在船等方面，分別依學員操作過程予以記錄並評定是否符合作業程序上的規定。

第十二章
案例研討

　　駕駛台團隊必須要有足夠的合格人員值班，以保證能夠有效地履行各種職責，航行所必需的儀表和設備經常保持運作正常，讓負責航行當值的相關人員隨時可用，對內及對外的通信必須清楚、簡潔、迅速、可靠，並在任何時候均需做好準備，以便充分有效地對突發狀況做出反應。現在，利用實際案例來說明駕駛台資源管理的重要性，並作為教育訓練的重要參考依據。

第一節　標準作業案例

(一) 案情概述：

　　某總噸位 6 萬噸之貨櫃船其船速約 20 節，預定於 0800 時抵達高雄港，進港泊靠 70 號碼頭，當值船副為大副。

　0636 時：在抵達引水站之前 20 海浬，大副通知機艙「1 小時通知」。

　　　　　　同時利用 VHF11 頻道向高雄港管制台報告「通過 20 海浬報告線」以及本船 GPS 船位、船速、航向及抵達引水站之 ETA 等資料。操舵系統由自動舵改為手操舵。

0700 時：利用 VHF13 頻道與引水站聯絡，告知抵達引水站之 ETA，確認引水人登輪之時間、引水梯裝置之需求、引水人登輪時之船速要求等資訊。

引水站回答：ETA0800 收到，船到上引水，引水梯請放置右舷離水面 1.5 米，引水人登輪速度請保持 6 節，並請保持守聽 VHF11 及 13 頻道。

大副按照船長夜令簿規定，請船長上駕駛台，並向船長報告與 VTS 及引水站聯絡之情形。

0710 時：船長上駕駛台，大副通知水手長派人安放引水梯。

0712 時：大副向 VTS 報告「通過 12 海浬報告線」，並再次報告抵達引水站之 ETA。

0730 時：因為接近港口水域，各種船舶漸多，船長告訴大副「我來操船」，大副回答「是的」並將 (Capt. Took The Con) 記入航海日誌。

0736 時：通知機艙主機備便，船長便將船速減慢。

0740 時：引水船出發並與本船聯絡，確認 0800 時可以準時上引水人。

0750 時：船長通知機艙試倒俥，並確認一切正常。大副聯絡三副上駕駛台，並交代接引水人相關事項。

0800 時：抵達引水站，引水人安全登輪。

0805 時：三副陪同引水人上駕駛台。船長將二副也叫上駕駛台，此時

船長、三位船副與引水人，做簡單的進港前簡報 (Briefing)。
船長將引水卡及船長與引水人訊息交換資料，交給引水人參
考並說明目前之船速、航向、吃水等資訊。因為本船一切正
常沒有特別應注意之事項，船長便告知引水人「本船操作一
切正常」。

引水人迅速查閱引水卡及船長與引水人訊息交換資料，對於
該船狀況有一概念，同時，將進港之計畫告知船長，因為正
值漲潮，船位可能會向南偏移，所以必須將艏向朝北修正，
並保持 8 節以上船速通過防波堤。進入堤口後，會立即將船
速減至最低，到達迴船池會有兩艘拖輪協助調頭，右舷靠泊
70 號碼頭，拖纜帶在左舷船艏與船尾，繫泊纜是船艏與船尾
的倒纜先帶，完成繫帶為 4 加 2，船長徵詢三位船副有沒有
問題？然後結束簡報。

0810 時：船長詢問引水人，是否可以接掌指揮權？引水人同意後，
船長宣布引水人接掌指揮權，三副在航海日誌上記入 (Pilot
Took The Con)。此時，船長命三副廣播「船頭船尾 Stand-
By」，大副離開駕駛台到船頭備便，二副離開駕駛台到船尾
備便。

0811 時：引水人下令 065 度，並將左手向左擺；船長也將左手向左擺
並覆誦 065 度。舵工大聲覆誦並將船艏向操到 065 度。引
水人再下令 Half Ahead 並將右手向前指，船長也覆誦 Half

Ahead 同時將右手向前指,三副立即覆誦並將俥鐘搖至 Half Ahead 位置。

0815 時:船頭、船尾無線電話及公共廣播系統完成試通,並報告人員備便,船長便將進港計畫再簡單扼要的告訴大副與二副。此時,引水人下令 078 度,船艏對正堤口略偏北行駛。

0822 時:船頭報告通過防波堤,引水人下令 Slow Ahead。

0824 時:船尾報告通過防波堤,引水人下令 Dead Slow Ahead。

0827 時:引水人下令 Stop Engine,並將右手握拳向上舉起,三副立即覆誦 Stop Engine,並將俥鐘搖至 Stop Engine 位置,船開始停俥滑進。

0833 時:船身滑至信號台附近,引水人下令 Slow Astern,並將右手向後指,倒俥打出來之後,引水人命令拖船分別頂右船頭與左船尾,協助大船向左調頭。

0835 時:船頭報告拖船在右船頭開始頂,並報告船頭距碼頭距離 250 米,向左迴轉 Clear,船尾報告拖船在左船尾開始頂,並報告船尾清爽,迴轉沒問題。

0840 時:調頭大約完成,引水人命令兩艘拖船停止推頂,並到左邊船頭及船尾帶拖纜,大船動俥前進,駛往碼頭泊位。

0848 時:船頭船尾報告拖纜帶妥。

0848-0912 時:引水人進行泊靠碼頭操作,船長注意引水人之操作及口令,並下令給船頭船尾人員帶纜指示。

0912 時：船頭船尾繫泊纜 4/2 帶妥，完成繫泊。拖纜解除。並向 VTS
　　　　報告繫泊完成時間。

0915 時：船長再召集大副及二副上駕駛台，做總結會報 (Debriefing)，
　　　　檢討航程中及泊靠碼頭之問題，並請引水人表示意見，完成
　　　　後引水人向船長交代繫泊注意事項，三副護送引水人離船。

(二)研討分析：

以上案例為實際抵達高雄港之船舶，完整操作紀錄。其中測定船位事項並未列出，實際上當值船副每 3-5 分鐘即測定一次船位，通過防波堤與信號台之時間也予以記錄，本船也都在畫定之航線上行駛，當值船副全程注意船速變化與測深儀讀數，並經常向船長及引水人報告當時船速與水深情形。引水人與船長在下達俥舵令時，也都加手勢以防止操作錯誤。

引水人登輪後，船長召集駕駛台團隊之進港前簡報 (Briefing)，以及在完成靠泊之總結會報 (Debriefing)，可以增加駕駛台團隊對於靠泊計畫之認知，以及下一次應該注意或加強的事項；但是，會報不必太拘泥於固定形式。

第二節　船舶擱淺案例

(一) 案情概述

某巴拿馬極限型散裝船，完成裝載欲自高雄港第 122 號碼頭離泊駛出高雄港，其吃水船艏為 13.1 米，船尾為 13.8 米。船上出港準備完成，引水

人準時登輪，申派兩艘拖輪協助出港作業。

當時駕駛台有船長與三副及一名舵工，大副在船頭，二副在船尾。船頭與船尾電話試通完成，並報告人員已備便。引水人就請船長在右舷船頭及船尾給拖輪帶拖纜，拖纜帶妥後，船頭船尾開始打單，打單完成後，船頭船尾全部纜繩解掉，當全部纜繩收回俥葉清爽之後，開始離碼頭。

引水人命令船頭船尾拖輪「倒俥位置」，拖纜吃力以後加到慢倒俥，然後再加到半快倒俥，將船拉離碼頭。引水人告訴船長本船要在碼頭前面原地向右調頭，船長就通知船頭船尾人員，本船要向右調頭並要船頭船尾人員注意與碼頭或其他船舶之距離。調頭作業緩慢，但是安全完成。

調頭完成後，拖輪繫帶之拖纜解掉，拖輪在左船頭與右船尾隨行護航。大船緩慢駛往第二港口迴船池，當通過 116 號碼頭時，停俥並開始打倒俥，減速並準備進行向右迴轉 120 度之調頭作業。當通過 115 號碼頭時，大船停俥並請拖船在左船頭及右船尾開始快俥頂進，協助大船向右轉向，為使調頭作業順利，引水人就下令 Dead Slow Ahead 及右滿舵。當轉向即將完成時，為避免拖船推頂產生慣性使船向右轉向過快，引水人命拖船停止推頂，剩下的 40 度轉向，利用本船之俥舵力量來完成。

引水人見向右轉向之速度仍快，便下令「右舵 20 度」，欲將右滿舵減至右舵 20 度以減緩右轉趨勢，此時舵工卻操成「左舵 20 度」，但是引水人未察覺已操成左舵，只見右轉趨勢變得很慢，於是再下令「右滿舵」，舵工卻操成「左滿舵」，當引水人發覺本船不但停止右轉，反而向左偏轉，抬頭一看舵角指示器，指的是「左滿舵」，便大叫「右滿舵」怎麼操

成「左滿舵」，船長也大叫趕快打「右滿舵」，但為時已晚，大船仍緩緩向左前方駛進，接著就停止前進，大船停俥，當時船頭已擱淺於信號台南岸航道外側之淺灘。

引水人立即向管制台報告，本船發生擱淺於信號台南側，對於進出港口船舶之安全會有影響，管制台立即宣布第二港口暫停進出港作業。引水人請求派遣 4 艘拖輪協助脫淺作業，經過3個小時之推頂與拖拉，加上大船打倒俥配合，終於脫淺成功。

管制台通知本船管制出港，指定靠泊 75 號碼頭，第二港口恢復進出港作業，本船終於安全靠泊於 75 號碼頭，進行船體安全檢查以及接受海事調查。

(二) 研討分析：

船舶離開碼頭，拖船協助調頭作業，一切順利，直到開始右轉準備駛入出港航道時，由於舵工操舵錯誤，先將右舵 20 度操成左舵 20 度，接著又將將右滿舵操成左滿舵，才會發生擱淺事件。

此一事件如果引水人或船長在下達舵令時，加上手勢向右擺，並抬頭看一下舵角指示器，或者三副從旁監視舵工操舵之正確性，也許可以提早發現舵工操成反舵，及時糾正應該可以避免發生擱淺事件。

另外，假設引水人將船慢速駛至迴船池，然後打倒俥將船速減低到幾乎停止，再命令拖船協助推頂左船頭及右船尾，當大船幾乎對正於出港航道時，拖船停止推頂，再動進俥穩舵於出港航向，將是更為安全之方法。

第三節　船舶碰撞案例

(一) 案情概述

　　某 18 萬噸級之滿載散裝貨輪，準備進高雄港靠泊 98 號碼頭，該船進港準備完成，並在第三錨泊區將錨鍊絞起，原地等待引水人登輪。引水人登輪後，船長將引水卡交給引水人，並介紹船上各項設備均已測試正常。引水人也將進港計畫，向船長說明，目前有一艘出港船為 10 萬噸級之空載油船在出港中，已聯絡確認該船預定從本船船尾通過，本船與出港船保持左對左通過，引水人同意接指揮權，船長宣布引水人接指揮權，並記入航海日誌。

　　引水人下令 Dead Slow Ahead，Steady，自第三錨泊區向南駛往進港巷道，與出港船呈縱橫相遇情勢。因為已確認過出港船會從本船之船尾通過，本船繼續穩定朝進港巷道前進。但是，引水人發覺出港船有向左偏轉趨勢，似乎要從本船之船頭通過，為避免危險本船立即停俥，並打倒俥，準備停止前進，讓出港船從本船之船頭通過。在此同時，引水人使用 VHF11/12/13/16 各個頻道呼叫出港船，希望與該船聯絡確認其意圖，並告知本船所採取之措施（打倒俥停船），卻完全無回應。引水人向高雄港管制台報告無法聯繫該出港船，還請高雄港管制台利用全頻道傳呼該船，但是，所有呼叫之頻道均無回音。

　　在出港船方面，起先見進港船動作緩慢，認為從進港船之船頭通過較為方便，便持續朝進港船之船頭方向行駛，可是見進港船持續對著進港巷

道朝前行駛，就改變主意向右轉向，打算依照原先之約定從進港船之船尾通過；接著當發現進港船隻船尾倒俥水花出現，唯恐進港船後退，又再度改變主意，向左調轉船頭，準備從進港船之船頭通過。出港船所做各種改變動作，卻完全沒有與管制台或進港船聯絡。但是，兩船仍然在持續接近中，最後出港船決定還是向右轉向，自進港船之船尾通過，只是這個決定太晚太慢了，兩船間之距離越來越近，雖然出港船右滿舵向右轉，卻已無法避免碰撞。終於，出港船之左艏先撞到進港船左舷第三艙外側船殼板，彈開後，左舷再撞到進港船左舷第六艙外側船殼板。

不幸中之大幸，兩船左舷擦撞，然而兩船之船殼板均未破裂，而且空載油船亦未發生爆炸。兩船發生碰撞之後，管制台通知兩船駛往錨地下錨，進行安全檢查及海事調查。出港船在船體檢查與海事調查完成後，經由船級協會驗船師簽發適航證書，繼續其航程。進港船檢查與調查完成後，進港卸貨。然而，在卸貨完畢後，發現被撞的左舷第三艙及第六艙外側船殼板凹陷，內部肋骨變形，必須立即進船塢更換肋骨及船殼外板，船期耽誤加上修理費用，損失不輕。

(二) 研討分析

出港船在引水人離船之前，已經與進港船之引水人聯絡完成，確認出港船會從進港船之船尾通過，當進港船左轉欲駛入進港巷道時，兩船保持左對左通過。兩船如何相互安全通過之訊息非常明確，然而，出港船卻並未遵守先前之約定，操船猶豫不決，進港船之引水人因為不清楚出港船之意圖，也是一下進俥一下倒俥，想避開出港船。最嚴重的是無法與出港船建

立聯絡，終於發生碰撞事件。

近距離與他船建立聯絡之方式有 VHF、鳴放氣笛、手提式信號燈打燈號等，均可提醒他船注意，而建立通信聯絡。特別應該注意的是船上 VHF必須經常保持開啟，並守聽當地之特定頻道以及 16 頻道，千萬不要因為感覺 VHF 太吵雜，而將音量關得很小，甚至關機。

在此案例中，假若進港船在引水人登輪之後，船長瞭解當時進出港狀況，很明確地告知引水人希望本船等在錨地完全不動，將不會造成出港船的困擾，在出港船通過之後，再動俥進港，應該會更安全。

第四節　輕觸他船案例

(一) 案情概述

某 5000TEU 之貨櫃船以左舷靠泊於高雄港第 121 號碼頭，船上完成出港準備，船長與大副在駕駛台，三副在船頭備便，二副在船尾備便，引水人登輪後，拖輪在右舷船尾帶妥，船舶開始進行出港作業。當時有從左舷船尾吹來的西南風，風力4級，船頭距前面船距離約 20 米，船尾距後面船約 15 米。引水人下令船頭船尾打單，打單完成後，命拖輪保持 90 度朝後倒俥位置，準備防止纜繩全部解開之後，船身因為受左後方來風影響，而被風吹向前移動。然後下令船頭船尾各纜全部解掉，纜繩離樁後，引水人命拖輪 90 度朝後吃力，再加到半快倒俥，將船身拉離碼頭，船頭則利用艏側推器將船頭向外推移。

在將船身拉離碼頭時，引水人雖然命拖輪 90 度朝後半快倒俥拉開，但是發覺本船受左後方風吹之影響，仍然慢慢往前滑進，在船尾報告俥葉清爽之後，就下令 Dead Slow Astern，希望制止船身向前移動之趨勢，船上也許因為開第一個俥的緣故，經過約 30 秒鐘倒俥還未啟動，此時，突然自船長的無線電對講機傳出大聲說話，船長沒聽清楚話語內容，便立即將俥鐘扳到 Stop Engine 位置，船長是以為船尾報告俥葉尚未清爽，而防止發生俥葉絞纏。

事實上，船尾已經報告過 Aft Clear，對講機傳來訊息是三副在船頭報告，船頭正在慢慢接近前面船，而且距離僅剩 10 米，先前為防止船身前移，引水人所下達之俥令 Dead Slow Astern 還未啟動，就被船長扳成 Stop Engine，船身僅靠拖船朝後拉的力量，仍然無法制止船身前移，終於在大約半分鐘之後，船頭觸及泊靠於 122 號碼頭之船的船尾。

既然發生輕觸他船事件，本船就只得暫時停止出港作業，向高雄港管制台報告發生觸及他船事件，並將船回靠 121 號碼頭，進行船體檢查與海事調查，並與被碰撞船舶進行修理賠償等相關協調事宜，大約 6 個小時之後，本船才再次出港，駛往香港。

(二) 研討分析

通訊內容不清楚是發生輕觸他船事件之主要原因，本船船長與大副均為德國籍，二副與三副為菲律賓籍。船長與大副平常都用德語交談，二副與三副則用菲律賓語交談，但是船長、大副和二、三副都用英語交談，雖然英語對他們而言均非母語，平時實際上溝通並沒發問題。

但是，一旦發生緊急事件時，三副在船頭使用對講機報告狀況，其表達的就不是很清楚，再加上當時的風聲干擾，結果船長在駕駛台沒聽清楚，也沒再詳查訊息內容，卻直覺有特殊事件發生，便做了錯誤的決定──將俥鐘扳成 Stop Engine，結果發生了輕觸他船事件。

因此，平時注意對事件描述之訓練，以及在發送訊息時注意周圍之干擾因素之防範，例如蹲下並用手遮口使用對講機發送信文，可以防止風聲、絞纜機或錨機的噪音，造成雜訊干擾，使得收信者聽不清楚信文。

第五節　船底刮傷案例

(一) 案情概述

某全新的 3500TEU 貨櫃輪，從日本神戶港川崎重工造船廠交船，空船駛往韓國釜山港裝貨，開始美國西岸航線處女航，在釜山港二副已將航行計畫準備完成，並經過船長認可。

在釜山港完成裝貨後，準時開航，駛往大阪港，開船水呎船頭為 8.5 米，船尾為 9.5 米。當天之天氣晴朗，東北風、風力 3 級，海面也很平穩，對於新船第一航次開始就有風和日麗的好天氣，船長和全體船員心情都很愉悅。

自釜山至大阪航行計畫之航線規劃為：先朝南航行經過朝鮮海峽 (Korea Strait)，九州西邊再穿過 Osumi Kaikyo，再向東航行，然後轉北至大阪灣，接海灣引水人 (BAY PILOT)，進入大阪灣，到了大阪港外，再接大

阪港引水人，進靠大阪港。

當船通過朝鮮海峽，航行於九州西岸時，大約下午兩點鐘，船長到達駕駛台，船長看看船位，就問當值二副，「一切都好嗎？」二副回答說：「一切都很好！」。船長又和二副聊了一些接新船應該注意之事項，接著二副建議船長，天氣這麼好，不必繞遠路，超個捷徑可以早點到港，船長同意後，便叫二副畫新航線，二副畫完之後，船長看了一下，便同意改航向按新航線航行。新航線上風平浪靜、萬里無雲，過往船隻也很少，船長很滿意。然而，就在新航線航行了 45 分鐘之後，船身突然感覺有震動，過一下又恢復正常，船長見航線附近並無其他船隻，應該沒有碰撞之嫌，船速也還保持 22 節，船長告訴二副說大概是淺水效應！

然而，到了下午 4 點木匠例行量水後，發現所有雙重底 (Double Bottom) 之壓載水艙全部滿艙，並向大副報告。大副向船長報告這個奇怪現象，船長立即想到可能是在二副班更改航線後，發生的船身震動現象，所造成之結果。大副率同水手長及木匠詳細檢查後，報告船長應該是船底有漏裂現象，但不影響航行。船長便繼續往大阪港航行。

當船安全抵達大阪港時，船長要求代理行安排潛水人員，檢查船底，檢查完畢，證實船底被刮傷漏裂約 150 米。於是，船東決定將船上貨櫃全部卸掉，轉船裝運。本船進塢修理，經過 2 個月換船底破損鋼板後，再度回到美國西岸航線營運。

(二) 研討分析

本案例為典型的變更航行計畫，並未詳細審視新航線上是否有礙航行

之危險，實際上該船之新航線，正巧通過一個 10.2 米的淺礁上方，船長與二副都沒注意到圖示淺礁，或者是已注意到，確認為本船最大吃水為 9.5 米，應該沒問題！

船舶航行會產生蹲踞 (Squat) 現象，尤其是在較淺水域，蹲踞現象更為明顯，本船以 22 節之速度航行，雖然本船吃水為 9.5 米，然而因蹲踞作用產生之吃水增加現象，以致於造成船底受到淺礁刮傷。

因此，從本案例中得知，航行計畫既已細心規劃完成，如無特殊重要原因，不要任意更改航行計畫，如果必須更改航行計畫，則應特別謹慎規劃，並重複檢查航線及其周圍之危險物，確認不會對本船造成危險，以確保航行安全。另外，船舶之餘裕水深和蹲踞現象，都必須特別注意詳細檢視。

第六節　航路更改案例

(一) 案情概述

某貨櫃船其主要規格如表 5-5 所示，定期航駛遠東（香港、高雄）至美國西岸（長堤、舊金山），此航線為三家公司聯營，對船期的要求相當嚴謹。該輪於元月初西向返回香港時接獲公司的指示，聯營組織希望下航次返香港時能夠與表定船期提前一日（24 小時）抵達香港，考量春節假期及配合在香港歲修，船由香港開往高雄卸完貨後即停留高雄5天，春節過後再開往香港。同時亦表示提前的 24 小時希望船長能在高雄開出的航程中或

美國西岸返航前達成。

　　慮及冬季北太平洋的天候及海象，東向航程縮減的時間有限，船長遂建議縮短高雄碼頭作業時間提前 12 小時開航。開往長堤航程中，正如預料海象不佳，未能再縮短 12 小時的船期，船抵長堤港前船長遂建議公司希望在西岸兩個港口縮短作業時間以期在舊金山開航時能整整較原來表定船期提前 24 小時。如此在返航時船長就較無航程上的時間壓力。

　　在各方配合良好的情況下該輪較原始表定船期提前 24 小時駛離舊金山。該輪裝載水呎 10M，參考有關航行資料及 Ocean Route 的建議，返航計畫採北方航路亦即經由 Unimak pass 過白令海至 Attu Is. 再研庫頁島北方列島至北海道南方輕津海峽 (Tugaru Kaikyo)，航經日本海至朝鮮海峽 (Korea Strait)，過東海、黃海後沿大陸沿海航至香港，如圖 12-1 所示。深海航程約 6055 浬，該輪航速 20 節，以船期表定要求平均航速 18.9 節計算，該輪應可及時到達香港。

　　航往 Unimak 的途中由於長浪關係平均航速僅17.8節，氣象報告亦良好，入口前一天船速已增至 18.5 節，接進 Unimak 前 4 小時航速已達 19 節，上午 9 時左右，船長上駕駛台查看氣象資訊及航行狀況，預計 1120 時通過進入白令海。二副接班後仍依計畫航路航駛，約 1330 時接獲 Ocean Route 來電，告知鄂克霍赤海 (Sea of Okhotsk) 附近有強烈風暴急速形成正快速向阿留申群島行進，建議勿進入白令海改航駛阿留申群島南方航路。或許該氣象諮詢機構對船位推算的誤失，抑或需要時間作精確的氣象情報，事實上該輪已今進入白令海了。此時此刻船長面臨了航行上的決定：

快速通過，或折返繞道改南方航路，或在群島中尋找航路穿越通過等三種選擇。在作成決定前先召集大副、船副並告知機艙情況先行減速，責成報務員儘速接收夏威夷和日本的氣象報告。在此期間與二副討論將阿留申群島的所有海圖找出，尋查中間穿越通過的航路安全可行性分析，航海儀器狀況等。當兩份氣象報告都接收到並確定暴風強度及行徑後，考慮到正面遭遇暴風對船舶的傷害風險以及折返的時程損失，與駕駛台團隊航行人員就穿越 Amukta Pass 的各種安全考量作成評估，雖然都未曾有過經驗但航路條件應可支持。最後作成決定更改航路計畫，該船改向 180 度向南航駛待通過群島中間水道後，再沿群島南側向西航行接回至原航路，如圖 12-1 紅折線所示。

　　該船依新航路航行，對於航行定位特別嚴謹要求，預計當晚通過，對於雷達目標顯示及目視辨別，加上水深探測均多方面校核直到安全通過。次日清晨航經 Rat Island 附近狂風驟雪，由於北側有群島的屏障，湧浪尚未形成，該船得以安然避開風暴。慮及庫頁島北方列島冬季可能出現海上浮冰不能距岸太近，再者由於前段平均船速的低減及為更改航路增加了時程，經計算若要如期抵達香港則剩餘航程的平均航速得為 21.6 節。雖預計航經大陸東南沿海水域冬季可有 2 節的順流，然而對整段而言確有困難。告知公司航況，回答安全盡力即可，機艙部門得知此訊息頃力加足轉數，為著就是希望能在台灣過年。

　　該輪雖在大陸沿岸奔馳跑出 23.5 節的航速，然最終還是較聯營組織要求時間延遲了 5 小時抵達香港，引航員上船告知船席被先占了，下個錨，

公司代理人員上船告知高雄不去了，所有貨都在香港卸。大管輪拿著油頭上來跟船長解釋他真的加足了，一段充滿期盼又驚心曲折的航程計畫，船長總算給完成了。

(二) 研討分析

本案例所呈現的議題可由下列幾點分別予以討論：

1. 公司營運政策

船長執行管理職務對於公司的營運亦需盡力配合，尤其是定期航線聯營組織多方考量如本案例中的歲修和春節假期，所作成的決議事項，希望能在航程上縮短一天。船長為達成此項任務分析在冬季航程上考慮到天候條件縮短航行時數確有困難，乃建議由港口碼頭作業中爭取時效，此一折衷協調亦獲得認可與支持。設若未加考慮航海的不確定因素率爾答應，或認為不可能而一口否定，其結果對組織而言最終的輸出效能是負面的。

2. 航行組織規畫

當與船上航行有關人員包括輪機長和大管輪溝通此項訊息並獲得一致的支持。駕駛台團隊就冬季元月份東向航路依貨載情況作安全臨界的有關分析，所畫定航線能支撐安全又不增加航程距離，機艙方面在負載許可範圍內馬力加足，為的就是希望能夠盡力達成縮短時程的任務與目標。返航途中在白令海的航路中斷與更改航路計畫，船長亦與團隊成員充分的溝通，未輕率作出決定，待收集相關資訊完備後，嚴密監測航行。

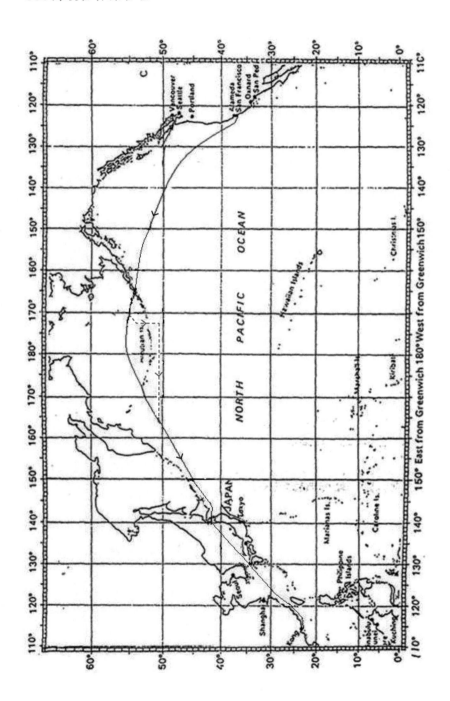

圖 12-1　舊金山至香港航路示意圖

3. 決策制定與風險評估

該輪在收到氣象諮詢機構的氣象情報並建議改由南方航路時,船長面臨了多方考量的決擇,在信息尚未充分完整的情況下,船長先減速並略向下修正航向,

同時間並整理相關海圖的資料並責成大副、二副詳細研判向南穿越通過的可行性。在確定前方有風暴後,當下有三種選擇,其一是加速前進希望能在暴風前緣通過 Attu Island,其二是由群島中間可航航道 Amukta Pass 穿越通過,其三是折返 Unimak 改由南方航路航行。考量上述的選擇所面對的風險程度,經團隊予以評估後,雖然折返在航行安全上較無壓力但勢必增加時程,對嗣後的追趕船期壓力也是一種航行風險。最後選擇第二方案,決策已定,船長與團隊成員就必然專注於決策的安全執行。

4. 船上組織與管理

該輪船上人員幾乎大部份為本國籍的台灣船員,文化背景和語言溝通上均無問題。春節能在台灣過年也的確是大好消息,因此對於任務的交付都能有較積極的投入。整個航次過程中都充滿活力與期待,唯一暇庇之處即是對氣象報告掌握的輕忽和稍過樂觀,未能及早知道可能形成的暴風。電信報務員或許會自責,然而船長必需全然承擔。當期望落空後,船上人員情緒的平撫,就更需要展現管理者的領導藝術了。

參考文獻

1. A. J. Swift, Bridge Team Management. London: The Nautical Institute. 2004.

2. Michael R. Adams, Shipboard Bridge Resource Management. Maine: Nor'easter Press. 2006.

3. Training Program in Bridge Resource Management. Marine Safety Directorate, Transport Canada. 1999.

4. USCG Approved and STCW-95 Compliant Bridge Resource Management. train@ houstonmarine.com. 2004.

5. Focus on Bridge Resource Management. Washington State Department Of Ecology. 2003.

6. Workload Transition: Implications for Individual and Team Performance. National academy Press. Washington. 1993.

7. Bridge Procedures Guide. International Chamber of Shipping. MARISEC Publications, London，England. 2007.

8. Reason J. Human Error. Cambridge University Press, 1990。

9. Maritime Safety. Maritime Safety Authority of New Zealand. 2004.

10. SAS Bridge Resource Management Training. Rotterdam. www.safewaymaritime.nl 2011.

11. David J. The Management of Safety in Shipping. London: The Nautical Institute. 1991.

12. Jorma Saari. Accidents and Safety Management. Geneva: International Labour Office. 1998.

13. 王鳳武 張卓 編著，洪碧光 主審，駕駛台資源管理. 大連：大連海事大學出版社. 2004.

14. 1978年航海人員訓練發證及當值標準國際公約2010年修正案，交通部運輸研究所，台北市，2011.6.

15. 中華人民共和國海事局譯.1978年海員培訓、發証和值班標準國際公約馬尼拉修正案. 大連：大連海事大學出版社. 2010.

16. 周和平，地文航海學. 台北市: 周氏兄弟出版社. 1999.

17. 徐國裕 編著，「船舶管理」，台北市，五南圖書出版公司，2007.7

18. 洪碧光，船舶安全管理. 大連：大連海事大學出版社，1999.

19. 劉明桂，船舶與船上人員管理. 北京：人民交通出版社，1998.

20. 徐國裕，李蓬，船舶危機潛在模型及其因應之探討，「中華海員品質提昇研討會」論文集，台北市，中華海員總工會，2008.4.

21. 胡延章，徐國裕，船員疲勞度與信息溝通對船舶安全之影響，「2009海峽兩岸海事安全暨海事教育論壇」論文集，高雄市，高雄海洋科技大學，2009.4.

22. 邱子瑜，徐國裕，船長管理上如何因應未來海運發展之趨勢，「船舶安全與海運管理」論文集，台北市，中華海洋事業協會，2010.3.

23. 陳彥宏，林彬，連建良，駕駛台資源管理訓練課程之發展，「2011年海峽兩岸國際公約暨船舶營運安全研討會」論文集，台北市，中國航海技術研究會，2011.6.

24. 陳希敬，林茂盛，李賢華，STCW/2010修正案之海事教育訓練課程，「航海技術學刊，2011.No.3」台北市，2011.7.

國家圖書館出版品預行編目資料

駕駛台資源管理／胡延章著. ——初版.
——臺北市：五南圖書出版股份有限公司,
2011.10
　面；　公分
ISBN 978-957-11-6437-3 (平裝)

1.船舶　2.駕駛訓練　3.航運管理

444.8　　　　　　　　　　100018539

5I25

駕駛台資源管理
Bridge Resource Management

作　　者 ― 胡延章

審　　閱 ― 徐國裕

發 行 人 ― 楊榮川

總 經 理 ― 楊士清

總 編 輯 ― 楊秀麗

副總編輯 ― 王正華

責任編輯 ― 許子萱

封面設計 ― 簡愷立

出 版 者 ― 五南圖書出版股份有限公司

地　　址：106台北市大安區和平東路二段339號4樓

電　　話：(02)2705-5066　　傳　　真：(02)2706-6100

網　　址：https://www.wunan.com.tw

電子郵件：wunan@wunan.com.tw

劃撥帳號：01068953

戶　　名：五南圖書出版股份有限公司

法律顧問　林勝安律師

出版日期　2011年10月初版一刷
　　　　　2024年 4 月初版八刷

定　　價　新臺幣380元

經典永恆・名著常在

五十週年的獻禮 ── 經典名著文庫

五南，五十年了，半個世紀，人生旅程的一大半，走過來了。

思索著，邁向百年的未來歷程，能為知識界、文化學術界作些什麼？

在速食文化的生態下，有什麼值得讓人雋永品味的？

歷代經典・當今名著，經過時間的洗禮，千錘百鍊，流傳至今，光芒耀人；

不僅使我們能領悟前人的智慧，同時也增深加廣我們思考的深度與視野。

我們決心投入巨資，有計畫的系統梳選，成立「經典名著文庫」，

希望收入古今中外思想性的、充滿睿智與獨見的經典、名著。

這是一項理想性的、永續性的巨大出版工程。

不在意讀者的眾寡，只考慮它的學術價值，力求完整展現先哲思想的軌跡；

為知識界開啟一片智慧之窗，營造一座百花綻放的世界文明公園，

任君遨遊、取菁吸蜜、嘉惠學子！